2024 年版
中国英文科技期刊引证报告

CHINESE ENGLISH S&T JOURNAL CITATION REPORTS 2024

U0333129

科学技术文献出版社
SCIENTIFIC AND TECHNICAL DOCUMENTATION PRESS
·北京·

图书在版编目（CIP）数据

2024年版中国英文科技期刊引证报告 = CHINESE
ENGLISH S&T JOURNAL CITATION REPORTS 2024 / 中国科
学技术信息研究所编著. -- 北京：科学技术文献出版社，
2024.12. -- ISBN 978-7-5235-2197-7

Ⅰ. Z89：N55

中国国家版本馆CIP数据核字第202404GK22号

2024年版中国英文科技期刊引证报告

策划编辑：张 丹 责任编辑：赵 斌 李 斌 责任校对：宋红梅 责任出版：张志平

出 版 者	科学技术文献出版社
地 址	北京市复兴路15号 邮编 100038
出 版 部	(010) 58882952, 58882870（传真）
发 行 部	(010) 58882868, 58882870（传真）
官 方 网 址	www.stdp.com.cn
发 行 者	科学技术文献出版社发行 全国各地新华书店经销
印 刷 者	北京地大彩印有限公司
版 次	2024 年 12 月第 1 版 2024 年 12 月第 1 次印刷
开 本	787×1092 1/16
字 数	193千
印 张	9
书 号	ISBN 978-7-5235-2197-7
定 价	100.00元

《2024 年版中国英文科技期刊引证报告》

编写组名单

主　　编　　田瑞强

编写人员　　许晓阳　　杨　潇　　王　璐　　俞征鹿　　盖双双

　　　　　　潘　尧　　焦一丹　　翟丽华　　时欣雨　　张　轩

　　　　　　周玉傲

通信地址：北京市海淀区复兴路 15 号　　100038

　　　　　中国科学技术信息研究所　　科学计量与评价研究中心

网　　址：www.istic.ac.cn

电　　话：010-58882027，58882537，58882539，58882552

传　　真：010-58882028

电子信箱：cstpcd@istic.ac.cn

2001 年，中国科学技术信息研究所首次推出《中国英文科技期刊引证报告》，此后每两年更新一次。本报告对中国英文期刊的主要学术指标进行报道，是我国学术界、期刊界及科技期刊管理部门了解国内英文科技期刊学术状况的重要途径，同时也是众多国际检索系统和知名出版机构了解中国英文科技期刊的重要资料。为了适应我国英文科技期刊快速发展的需求，自 2023 年起，《中国英文科技期刊引证报告》改为每年更新。

中国科学技术信息研究所对国内外海量数据进行了检索、加工、整理和统计，正式出版了《2024 年版中国英文科技期刊引证报告》。

本报告共分为五大部分：

第一部分，中国英文科技期刊名录。该部分包括期刊名称、CN 号、ISSN 号、EISSN 号及主要主办单位。该部分统计了截至 2024 年 10 月，在中国大陆出版或待出版的具有国内统一刊号（CN 号）的英文科技期刊，共计 540 种。

第二部分，中国英文科技期刊指标。该指标的数据源自万方数据——数字化期刊群，包括 2023 年的期刊来源和引用部分的指标，其中 2023 年的数据采集自我国 6690 种期刊。

第三部分，中国英文科技期刊在重要国际检索系统中的收录情况。

第四部分，中国英文科技期刊国际累计被引用情况。国际引用数据来源自科睿唯安的 Web of Science 数据库 1995—2024 年的数据（截至 2024 年 10 月）。该部分包括被引篇数、被引次数、单篇被引最高次数、2021—2022 年被引次数、2021—2022 年论文数、2021—2022 年篇均被引次数。

第五部分，JCR 收录的中国科技期刊指标（包括被 JCR 收录的 18 种中文科技期刊）。科睿唯安每年对其收录的期刊进行指标统计，并出版《期刊引证报告》（Journal Citation Reports，JCR）。该部分数据包括 JCR 2023 年版收录的中国科技期刊指标、总被引频次排名、影响因子排名和论文数量排名及分区。

由于部分期刊创刊时间较短，无法计算相应的期刊指标，且时间紧、数据量大及期刊名称变更等问题，本报告中可能会存在一些疏漏，恳请各位提出宝贵意见。

主要计量指标

2023 年中国英文科技期刊主要计量指标分布情况

指标名称	平均值
总被引频次	720 次 / 刊
影响因子	0.81
即年指标	0.17
他引率	0.81
来源文献量	110
平均作者数	5.8 人 / 篇
平均引文数	49.0/ 篇
基金论文比	0.8

来源指标

来源文献量：按统计源选取原则选出的文献数，是中国科技论文统计数据的来源。

文献选出率：按统计源的选取原则选出的文献数与期刊的发表文献数之比。

平均引文数：来源期刊每篇论文平均引用的参考文献数。

平均作者数：来源期刊每篇论文平均拥有的作者数，是衡量该期刊科学生产能力的一个指标。

地区分布数：来源期刊所登载论文涉及的地区数，涉及全国 31 个省、自治区、直辖市（不含港、澳、台地区）。这是衡量期刊论文覆盖面和全国影响力的重要指标。

机构分布数：来源期刊论文的作者所涉及的机构数。这是衡量期刊科学生产能力的另一个指标。

海外论文比：在来源期刊中，海外作者发表论文占全部论文的比例。这是衡量期刊国际交流程度的一个指标。

基金论文比：在来源期刊中，各类基金资助的论文占全部论文的比例。这是衡量期刊论文学术质量的重要指标。

引用半衰期：在期刊引用的全部参考文献中，较新的一半文献是在多长时间内发表的。通过这个指标可以反映出作者利用文献的新颖度。

引用指标

总被引频次：期刊自创刊以来所登载的全部论文在统计当年被引用的总次数。作为一项客观且实际的评价指标，它能够体现期刊被使用和受重视的程度，以及其在科学交流中所具有的影响力。

影响因子：期刊评价前两年发表论文的篇均被引用次数，用于测度期刊学术影响力。具体算法为：

$$影响因子 = \frac{期刊前两年发表论文在统计当年被引用的总次数}{期刊前两年发表论文总数}。$$

即年指标：用于衡量期刊即时反应速率的指标，主要描述期刊当年发表的论文在当年被引用的情况。具体算法为：

$$即年指标 = \frac{期刊当年发表论文的被引用次数}{期刊当年发表论文总数}。$$

他引率：期刊全部被引次数中，被其他刊引用次数所占的比例。具体算法为：

$$他引率 = \frac{被其他刊引用的次数}{期刊被引用的总次数}。$$

引用刊数：引用被评价期刊的期刊数，反映被评价期刊被使用的范围。

学科影响指标：在期刊所在学科内，引用该刊的期刊数占所在学科全部期刊数的比例。具体算法为：

$$学科影响指标 = \frac{所在学科内引用的期刊数}{所在学科全部期刊数}。$$

学科扩散指标：在统计源期刊范围内，引用该刊的期刊数与其所在学科全部期刊数之比。具体算法为：

$$学科扩散指标 = \frac{引用的期刊数}{所在学科全部期刊数}。$$

被引半衰期：期刊在统计当年被引用的全部次数中，较新的一半文献是在多长时间内发表的。被引半衰期是测度期刊老化速度的一种指标，通常不是针对单篇文献或某组文献，而是对某一学科或专业领域的文献整体而言。

H 指数：期刊在统计当年被引的论文中，至少有 h 篇论文的被引频次不低于 h 次。

目 录

序号	期刊名称	CN	ISSN	EISSN	主要主办单位
1	ABIOTECH	10-1553/Q	2096-6326	2662-1738	中国农业科学院农业信息研究所
2	ACTA BIOCHIMICA ET BIOPHYSICA SINICA	31-1940/Q	1672-9145	1745-7270	中国科学院分子细胞科学卓越创新中心
3	ACTA EPILEPSY	51-1776/R	2524-4434		四川大学华西医院
4	ACTA GEOCHIMICA	52-1161/P	2096-0956	2365-7499	中国科学院地球化学研究所
5	ACTA GEOLOGICA SINICA-ENGLISH EDITION	11-2001/P	1000-9515	1755-6724	中国地质学会
6	ACTA MATHEMATICA SCIENTIA	42-1227/O	0252-9602	1572-9087	中国科学院精密测量科学与技术创新研究院
7	ACTA MATHEMATICA SINICA-ENGLISH SERIES	11-2039/O1	1439-8516		中国数学会
8	ACTA MATHEMATICAE APPLICATAE SINICA-ENGLISH SERIES	11-2041/O1	0168-9673	1618-3932	中国科学院数学与系统科学研究院
9	ACTA MECHANICA SINICA	11-2063/O3	0567-7718		中国力学学会
10	ACTA MECHANICA SOLIDA SINICA	42-1121/O3	0894-9166		中国力学学会
11	ACTA METALLURGICA SINICA-ENGLISH LETTERS	21-1361/TG	1006-7191	2194-1289	中国金属学会
12	ACTA OCEANOLOGICA SINICA	11-2056/P	0253-505X	1869-1099	中国海洋学会
13	ACTA PHARMACEUTICA SINICA B	10-1171/R	2211-3835		中国药学会
14	ACTA PHARMACOLOGICA SINICA	31-1347/R	1671-4083	1745-7254	中国药理学会
15	ACUPUNCTURE AND HERBAL MEDICINE	12-1467/R	2097-0226	2765-8619	天津中医药大学
16	ADDITIVE MANUFACTURING FRONTIERS	10-1902/TH		2950-4317	中国机械工程学会
17	ADVANCED FIBER MATERIALS	31-2199/TB	2524-7921	2524-793X	东华大学
18	ADVANCED PHOTONICS	31-2165/O4	2577-5421		中国科学院上海光学精密机械研究所
19	ADVANCES IN APPLIED MATHEMATICS AND MECHANICS	43-1562/O	2070-0733	2075-1354	湘潭大学
20	ADVANCES IN ATMOSPHERIC SCIENCES	11-1925/O4	0256-1530	1861-9533	中国科学院大气物理研究所
21	ADVANCES IN CLIMATE CHANGE RESEARCH	11-5918/P	1674-9278		国家气候中心
22	ADVANCES IN MANUFACTURING	31-2069/TB	2095-3127	2195-3597	上海大学
23	ADVANCES IN METEOROLOGICAL SCIENCE AND TECHNOLOGY	10-1000/P	2095-1973		中国气象局气象干部培训学院
24	ADVANCES IN POLAR SCIENCE	31-2050/P	1674-9928		中国极地研究中心
25	AEROSPACE CHINA	11-4673/V	1671-0940		中国航天系统科学与工程研究院
26	AEROSPACE SYSTEMS	31-2193/V	2523-3947	2523-3955	上海交通大学
27	AGRICULTURAL SCIENCE & TECHNOLOGY	43-1422/S	1009-4229		湖南省农业信息与工程研究所
28	AI IN CIVIL ENGINEERING	31-2183/TU	2097-0943	2730-5392	同济大学
29	ALGEBRA COLLOQUIUM	11-3382/O1	1005-3867		中国科学院数学与系统科学研究院
30	ANALYSIS IN THEORY AND APPLICATIONS	32-1631/O1	1672-4070	1573-8175	南京大学

序号	期刊名称	CN	ISSN	EISSN	主要主办单位
31	ANIMAL DISEASES	42–1946/S	2731–0442	2730–5848	华中农业大学
32	ANIMAL MODELS AND EXPERIMENTAL MEDICINE	10–1546/R	2096–5451	2576–2095	中国实验动物学会
33	ANIMAL NUTRITION	10–1360/S	2405–6383	2405–6545	中国畜牧兽医学会
34	ANNALS OF APPLIED MATHEMATICS	35–1328/O1	2096–0174		福州大学数学与计算机科学学院
35	APPLIED GEOPHYSICS	11–5212/O	1672–7975	1993–0658	中国地球物理学会
36	APPLIED MATHEMATICS AND MECHANICS–ENGLISH EDITION	31–1650/O1	0253–4827	1573–2754	上海大学
37	APPLIED MATHEMATICS–A JOURNAL OF CHINESE UNIVERSITIES SERIES B	33–1171/O	1005–1031	1993–0445	浙江大学
38	AQUACULTURE AND FISHERIES	10–1397/S	2468–550X		中国水产学会
39	ARTIFICIAL INTELLIGENCE IN AGRICULTURE	10–1795/S		2589–7217	中国科技出版传媒股份有限公司（科学出版社）
40	ASIAN HERPETOLOGICAL RESEARCH	51–1735/Q	2095–0357	2095–0357	中国科学院成都生物研究所
41	ASIAN JOURNAL OF ANDROLOGY	31–1795/R	1008–682X	1745–7262	中国科学院上海药物研究所
42	ASIAN JOURNAL OF PHARMACEUTICAL SCIENCES	21–1608/R	1818–0876	1818–0876	沈阳药科大学
43	ASIAN JOURNAL OF UROLOGY	31–2124/R	2214–3882	2214–3890	上海市科学技术协会
44	ASTRODYNAMICS	10–1627/V4	2522–008X		清华大学
45	ASTRONOMICAL TECHNIQUES AND INSTRUMENTS	53–1240/P	2097–3675		中国科学院云南天文台
46	ATMOSPHERIC AND OCEANIC SCIENCE LETTERS	11–5693/P	1674–2834	2376–6123	中国科学院大气物理研究所
47	AUTOMOTIVE INNOVATION	10–1501/U	2096–4250	2522–8765	中国汽车工程学会
48	AUTONOMOUS INTELLIGENT SYSTEMS	31–2206/TP		2730–616X	同济大学
49	AVIAN RESEARCH	10–1240/Q	2053–7166		北京林业大学
50	BAOSTEEL TECHNICAL RESEARCH	31–2001/TF	1674–3458		宝山钢铁股份有限公司
51	BIG DATA MINING AND ANALYTICS	10–1514/G2	2096–0654		清华大学
52	BIG EARTH DATA	10–1455/P	2096–4471	2574–5417	国际数字地球协会
53	BIOACTIVE MATERIALS	10–1775/Q		2452–199X	中国科技出版传媒股份有限公司（科学出版社）
54	BIOCHAR	21–1615/S	2524–7972	2524–7867	沈阳农业大学
55	BIO–DESIGN AND MANUFACTURING	33–1409/Q	2096–5524	2522–8552	浙江大学
56	BIODESIGN RESEARCH	32–1907/Q		2693–1257	南京农业大学
57	BIOMATERIALS TRANSLATIONAL	11–9367/R	2096–112X		国家卫生健康委
58	BIOMEDICAL AND ENVIRONMENTAL SCIENCES	11–2816/Q	0895–3988	2214–0190	中国疾病预防控制中心
59	BIOMEDICAL ENGINEERING FRONTIERS	32–1910/R		2765–8031	中国科学院苏州生物医学工程技术研究所
60	BIOMIMETIC INTELLIGENCE AND ROBOTICS	37–1527/TP	2097–0242	2667–3797	山东大学
61	BIOPHYSICS REPORTS	10–1302/Q	2364–3439	2364–3420	中国生物物理学会
62	BIOSAFETY AND HEALTH	10–1630/Q	2096–6962	2590–0536	中华医学会
63	BIOSURFACE AND BIOTRIBOLOGY	51–1783/Q	2405–4518	2405–4518	西南交通大学
64	BLOCKCHAIN: RESEARCH & APPLICATIONS	33–1414/TP	2096–7209		浙江大学
65	BLOOD SCIENCE	10–1880/R	2543–6368	2543–6368	中华医学会
66	BMEMAT（BIOMEDICAL ENGINEERING MATERIALS）	37–1545/R	2751–7438	2751–7446	山东大学

序号	期刊名称	CN	ISSN	EISSN	主要主办单位
67	BONE RESEARCH	51-1745/R	2095-4700	2095-6231	四川大学
68	BRAIN NETWORK DISORDERS	10-1984/R	3050-6239		中华医学会
69	BRAIN SCIENCE ADVANCES	10-1534/R	2096-5958		清华大学
70	BUILDING SIMULATION	10-1106/TU	1996-3599	1996-8744	清华大学
71	BUILT HERITAGE	31-2123/G0	2096-3041		同济大学
72	BULLETIN OF THE CHINESE ACADEMY OF SCIENCES	11-2723/N	1003-3572		中国科学院
73	CAAI ARTIFICIAL INTELLIGENCE RESEARCH	10-1840/TP	2097-194X		中国人工智能学会
74	CANCER BIOLOGY & MEDICINE	12-1431/R	2095-3941		中国抗癌协会
75	CANCER COMMUNICATIONS	44-1195/R		2523-3548	中山大学肿瘤防治中心
76	CANCER INNOVATION	10-1951/R73	2770-9183		清华大学
77	CANCER PATHOGENESIS & THERAPY	10-1882/R	2097-2563	2949-7132	中华医学会
78	CARBON ENERGY	33-1419/TK		2637-9368	温州大学
79	CARDIOLOGY DISCOVERY	10-1724/R2	2096-952X	2693-8499	中华医学会
80	CCF TRANSACTIONS ON HIGH PERFORMANCE COMPUTING	10-1949/TP	2524-4922	2524-4930	中国计算机学会
81	CCF TRANSACTIONS ON PERVASIVE COMPUTING AND INTERACTION	10-1950/TP	2524-521X	2524-5228	中国计算机学会
82	CCS CHEMISTRY	10-1566/O6	2096-5745		中国化学会
83	CELL REGENERATION	31-2197/Q2		2045-9769	中国细胞生物学学会
84	CELL RESEARCH	31-1568/Q	1001-0602	1748-7838	中国科学院分子细胞科学卓越创新中心
85	CELLULAR & MOLECULAR IMMUNOLOGY	11-4987/R	1672-7681	2042-0226	中国免疫学会
86	CHAIN	10-1915/TB	2097-3470	2097-3489	中国有色金属学会
87	CHEMICAL RESEARCH IN CHINESE UNIVERSITIES	22-1183/O6	1005-9040	2210-3171	吉林大学
88	CHEMPHYSMATER	37-1531/O	2097-0323	2772-5715	山东大学
89	CHINA CDC WEEKLY	10-1629/R1	2096-7071		中国疾病预防控制中心
90	CHINA CHEMICAL REPORTER	11-2805/TQ	1002-1450		中国化工信息中心
91	CHINA CITY PLANNING REVIEW	11-1735/TU	1002-8447		中国城市规划学会
92	CHINA COMMUNICATIONS	11-5439/TN	1673-5447		中国通信学会
93	CHINA DETERGENT & COSMETICS	14-1382/TS	2096-0700		中国日用化学研究院有限公司
94	CHINA ELECTROTECHNICAL SOCIETY TRANSACTIONS ON ELECTRICAL MACHINES AND SYSTEMS	10-1483/TM	2096-3564		中国电工技术学会
95	CHINA ENVIRONMENT YEARBOOK	11-3580/X	1005-7579		中国环境新闻工作者协会
96	CHINA FOUNDRY	21-1498/TG	1672-6421		沈阳铸造研究所
97	CHINA GEOLOGY	10-1549/P	2096-5192	2589-9430	中国地质调查局
98	CHINA MEDICAL ABSTRACTS INTERN MEDICINE	32-1150/R	1000-9086		东南大学
99	CHINA NONFERROUS METALS MONTHLY	11-3323/F	1005-1562		中国五矿集团有限公司
100	CHINA OCEAN ENGINEERING	32-1441/P	0890-5487		中国海洋学会
101	CHINA OIL & GAS	11-3543/TE	1006-2696		石油工业出版社有限公司
102	CHINA PETROLEUM PROCESSING & PETROCHEMICAL TECHNOLOGY	11-4012/TE	1008-6234	1008-6234	中国石油化工股份有限公司石油化工科学研究院

序号	期刊名称	CN	ISSN	EISSN	主要主办单位
103	CHINA POPULATION AND DEVELOPMENT STUDIES	11-2872/C	2096-448X		中国人口与发展研究中心
104	CHINA RARE EARTH INFORMATION	15-1147/TF	2096-3335		包头稀土研究院
105	CHINA STANDARDIZATION	11-5133/T	1672-5700		中国国家标准化管理委员会
106	CHINA TEXTILE	11-5331/F	1673-1468		中国纺织工业联合会
107	CHINA WELDING	23-1332/TG	1004-5341		哈尔滨焊接研究所
108	CHINA'S REFRACTORIES	41-1183/TQ	1004-4493		中钢集团洛阳耐火材料研究院有限公司
109	CHINESE ANNALS OF MATHEMATICS SERIES B	31-1329/O1	0252-9599	1860-6261	复旦大学
110	CHINESE CHEMICAL LETTERS	11-2710/O6	1001-8417	1878-5964	中国化学会
111	CHINESE GEOGRAPHICAL SCIENCE	22-1174/P	1002-0063	1993-064X	中国科学院东北地理与农业生态研究所
112	CHINESE HERBAL MEDICINES	12-1410/R	1674-6384		天津药物研究院
113	CHINESE JOURNAL OF ACOUSTICS	11-2066/O3	0217-9776		中国科学院声学研究所
114	CHINESE JOURNAL OF AERONAUTICS	11-1732/V	1000-9361	2588-9230	中国航空学会
115	CHINESE JOURNAL OF BIOMEDICAL ENGINEERING	11-2953/R	1004-0552		中国生物医学工程学会
116	CHINESE JOURNAL OF CANCER RESEARCH	11-2591/R	1000-9604	1993-0631	中国抗癌协会
117	CHINESE JOURNAL OF CATALYSIS	21-1601/O6	0253-9837	1872-2067	中国科学院大连化学物理研究所
118	CHINESE JOURNAL OF CHEMICAL ENGINEERING	11-3270/TQ	1004-9541	2210-321X	中国化工学会
119	CHINESE JOURNAL OF CHEMICAL PHYSICS	34-1295/O6	1674-0068	2327-2244	中国物理学会
120	CHINESE JOURNAL OF CHEMISTRY	31-1547/O6	1001-604X	1614-7065	中国化学会
121	CHINESE JOURNAL OF DENTAL RESEARCH	10-1194/R	1462-6446	1867-5646	中华口腔医学会
122	CHINESE JOURNAL OF ELECTRICAL ENGINEERING	10-1382/TM	2096-1529		机械工业信息研究院
123	CHINESE JOURNAL OF ELECTRONICS	10-1284/TN	1022-4653	2075-5597	中国电子学会
124	CHINESE JOURNAL OF INTEGRATIVE MEDICINE	11-4928/R	1672-0415	1993-0402	中国中医科学院
125	CHINESE JOURNAL OF MECHANICAL ENGINEERING	11-2737/TH	1000-9345	2192-8258	中国机械工程学会
126	CHINESE JOURNAL OF NATURAL MEDICINES	32-1845/R	2095-6975	1875-5364	中国药科大学
127	CHINESE JOURNAL OF NEONATOLOGY	10-1451/R	2096-2932		中华医学会
128	CHINESE JOURNAL OF PLASTIC AND RECONSTRUCTIVE SURGERY	10-1634/R6	2096-6911		中国整形美容协会
129	CHINESE JOURNAL OF POLYMER SCIENCE	11-2015/O6	0256-7679	1439-6203	中国化学会
130	CHINESE JOURNAL OF POPULATION RESOURCES AND ENVIRONMENT	37-1202/N	2096-9589	2325-4262	中国可持续发展研究会
131	CHINESE JOURNAL OF STRUCTURAL CHEMISTRY	35-1112/TQ	0254-5861	0254-5861	中国化学会
132	CHINESE JOURNAL OF TRAUMATOLOGY	50-1115/R	1008-1275		中华医学会
133	CHINESE JOURNAL OF URBAN AND ENVIRONMENTAL STUDIES	10-1577/F	2345-7481	2345-752X	社会科学文献出版社
134	CHINESE MEDICAL JOURNAL	11-2154/R	0366-6999	2542-5641	中华医学会

序号	期刊名称	CN	ISSN	EISSN	主要主办单位
135	CHINESE MEDICAL JOURNAL PULMONARY AND CRITICAL CARE MEDICINE	10-1838/R	2772-5588		中华医学会
136	CHINESE MEDICAL SCIENCES JOURNAL	11-2752/R	1001-9294		中国医学科学院
137	CHINESE MEDICINE AND CULTURE	31-2178/R9	2589-9627	2589-9473	上海中医药大学
138	CHINESE MEDICINE AND NATURAL PRODUCTS	41-1459/R2	2096-918X		河南中医药大学
139	CHINESE NEUROSURGICAL JOURNAL	10-1275/R	2095-9370		中国科学技术协会
140	CHINESE NURSING FRONTIERS	14-1395/R	2095-7718		中华护理学会山西分会
141	CHINESE NURSING RESEARCH	14-1375/R	1009-6493		山西省护理学会
142	CHINESE OPTICS LETTERS	31-1890/O4	1671-7694		中国科学院上海光学精密机械研究所
143	CHINESE PHYSICS B	11-5639/O4	1674-1056	1741-4199	中国物理学会
144	CHINESE PHYSICS C	11-5641/O4	1674-1137	2058-6132	中国科学院高能物理研究所
145	CHINESE PHYSICS LETTERS	11-1959/O4	0256-307X	1741-3540	中国科学院物理研究所
146	CHINESE QUARTERLY JOURNAL OF MATHEMATICS	41-1102/O1	1002-0462		河南大学
147	CHINESE RAILWAYS	11-3231/U	1005-0485		中国铁道科学研究院集团有限公司
148	CHIP	31-2189/O4	2709-4723	2772-2724	上海交通大学
149	CHRONIC DISEASES AND TRANSLATIONAL MEDICINE	10-1249/R	2095-882X		中华医学会
150	CLEAN ENERGY	10-1559/TK	2515-4230		北京低碳清洁能源研究所
151	CLINICAL TRADITIONAL MEDICINE AND PHARMACOLOGY	33-1427/R2	2097-3829	2950-5771	浙江中医药大学
152	COLLAGEN AND LEATHER	51-1804/TS	2097-1419	2731-6998	四川大学
153	COMMUNICATIONS IN MATHEMATICAL RESEARCH	22-1369/O1	1674-5647		吉林大学
154	COMMUNICATIONS IN MATHEMATICS AND STATISTICS	34-1335/O1	2194-6701	2194-671X	中国科学技术大学
155	COMMUNICATIONS IN THEORETICAL PHYSICS	11-2592/O3	0253-6102	1572-9494	中国科学院理论物理研究所
156	COMMUNICATIONS IN TRANSPORTATION RESEARCH	10-1982/U	2772-4247	2772-4247	清华大学
157	COMMUNICATIONS ON APPLIED MATHEMATICS AND COMPUTATION	31-2156/O1	2096-6385	2661-8893	上海大学
158	COMMUNICATIONS ON PURE AND APPLIED ANALYSIS	31-2195/O	1534-0392	1553-5258	上海交通大学
159	COMPLEX SYSTEM MODELING AND SIMULATION	10-1735/TP	2096-9929		清华大学
160	COMPUTATIONAL VISUAL MEDIA	10-1320/TP	2096-0433		清华大学
161	CONTROL THEORY AND TECHNOLOGY	44-1706/TP	2095-6983		华南理工大学
162	CORROSION COMMUNICATIONS	21-1611/TQ	2667-2669		中国科学院金属研究所
163	CROP JOURNAL	10-1112/S	2095-5421		中国作物学会
164	CSEE JOURNAL OF POWER AND ENERGY SYSTEMS	10-1328/TM	2096-0042		中国电机工程学会
165	CIVIL ENGINEERING SCIENCES	10-2028/TU			中国土木工程学会
166	CURRENT MEDICAL SCIENCE	42-1898/R	2096-5230	2523-899X	华中科技大学
167	CURRENT UROLOGY	37-1543/R4	1661-7649	1661-7657	山东大学
168	CURRENT ZOOLOGY	11-5794/Q	1674-5507	2396-9814	中国科学院动物研究所

序号	期刊名称	CN	ISSN	EISSN	主要主办单位
169	CYBERSECURITY	10–1537/TN	2523–3246	2523–3246	中国科学院信息工程研究所
170	CYBORG AND BIONIC SYSTEMS	10–1778/TP		2692–7632	北京理工大学
171	DATA INTELLIGENCE	10–1626/G2	2096–7004	2641–435X	中国科学院文献情报中心
172	DATA SCIENCE AND ENGINEERING	10–1948/TP	2364–1185	2364–1541	中国计算机学会
173	DATA SCIENCE AND MANAGEMENT	61–1516/TN	2097–3187	2666–7649	西安交通大学
174	DEEP UNDERGROUND SCIENCE AND ENGINEERING	32–1897/P		2770–1328	中国矿业大学
175	DEFENCE TECHNOLOGY	10–1165/TJ	2096–3459	2214–9147	中国兵工学会
176	DIGITAL CHINESE MEDICINE	43–1540/R	2589–3777	2096–479X	湖南中医药大学
177	DIGITAL COMMUNICATIONS AND NETWORKS	50–1212/TN	2468–5925	2352–8648	重庆邮电大学
178	DIGITAL TWIN	10–2002/TB	2752–5783		北京航空航天大学
179	EARTH AND PLANETARY PHYSICS	10–1502/P	2096–3955		中国地球物理学会
180	EARTHQUAKE ENGINEERING AND ENGINEERING VIBRATION	23–1496/P	1671–3664	1993–503X	中国地震局工程力学研究所
181	EARTHQUAKE RESEARCH ADVANCES	10–1743/P	2096–9996	2772–4670	中国地震台网中心
182	EARTHQUAKE SCIENCE	11–5695/P	1674–4519		中国地震学会
183	ECOLOGICAL ECONOMY	53–1197/F	1673–0178		云南教育出版社有限责任公司
184	ECOLOGICAL FRONTIERS	10–1946/X	2950–5097		中国科学院生态环境研究中心
185	ECOLOGICAL PROCESSES	21–1614/X		2192–1709	中国科学院沈阳应用生态研究所
186	ECOSYSTEM HEALTH AND SUSTAINABILITY	10–1499/X	2096–4129		中国生态学学会
187	ELECTROCHEMICAL ENERGY REVIEWS	31–2166/O6	2520–8489	2520–8136	上海大学
188	ELECTROMAGNETIC SCIENCE	10–1914/TN	2836–9440	2836–8282	中国电子学会
189	ELIGHT	22–1427/O4	2097–1710	2662–8643	中国科学院长春光学精密机械与物理研究所
190	EMERGENCY AND CRITICAL CARE MEDICINE	37–1533/R	2097–0617	2693–860X	山东大学
191	EMERGING CONTAMINANTS	10–1794/X	2405–6650	2405–6642	中国科技出版传媒股份有限公司（科学出版社）
192	ENERGY & ENVIRONMENTAL MATERIALS	41–1452/TB	2575–0348	2575–0356	郑州大学
193	ENERGY GEOSCIENCE	10–2017/TE	2666–7592		中国石化石油勘探开发研究院有限公司
194	ENERGY MATERIAL ADVANCES	10–1792/T	2097–1133	2692–7640	北京理工大学
195	ENERGY STORAGE AND SAVING	61–1528/TK	2097–3047		西安交通大学
196	ENGINEERING	10–1244/N	2095–8099		中国工程院战略咨询中心
197	ENGINEERING MICROBIOLOGY	37–1547/Q93	2667–3703		山东大学
198	ENTOMOTAXONOMIA	61–1495/Q	2095–8609		西北农林科技大学
199	ENVIRONMENT & HEALTH	10–1943/X1	2833–8278		中国科学院生态环境研究中心
200	ENVIRONMENTAL SCIENCE AND ECOTECHNOLOGY	10–1631/X	2666–4984		中国环境科学学会
201	ESCIENCE	12–1468/O6		2667–1417	南开大学
202	EXPERIMENTAL AND COMPUTATIONAL MULTIPHASE FLOW	10–1947/TK	2661–8869	2661–8877	清华大学
203	EYE AND VISION	33–1397/R	2326–0254		温州医科大学
204	FOOD QUALITY AND SAFETY	33–1407/TS	2399–1399		浙江大学
205	FOOD SCIENCE AND HUMAN WELLNESS	10–1750/TS		2213–4530	北京食品科学研究院

序号	期刊名称	CN	ISSN	EISSN	主要主办单位
206	FOREST ECOSYSTEMS	10–1166/S	2095–6355	2197–5620	北京林业大学
207	FRICTION	10–1237/TH	2223–7690		清华大学
208	FRIGID ZONE MEDICINE	23–1612/R	2096–9074	2719–8073	黑龙江省卫生健康发展研究中心
209	FRONTIERS IN ENERGY	11–6017/TK	2095–1701	2095–1698	高等教育出版社有限公司
210	FRONTIERS OF AGRICULTURAL SCIENCE AND ENGINEERING	10–1204/S	2095–7505	2095–977X	中国工程院
211	FRONTIERS OF ARCHITECTURAL RESEARCH	10–1024/TU	2095–2635		高等教育出版社有限公司
212	FRONTIERS OF CHEMICAL SCIENCE AND ENGINEERING	11–5981/TQ	2095–0179	2095–0187	高等教育出版社有限公司
213	FRONTIERS OF COMPUTER SCIENCE	10–1014/TP	2095–2228	2095–2236	高等教育出版社有限公司
214	FRONTIERS OF DIGITAL EDUCATION	10–1952/G4	2097–3918		高等教育出版社有限公司
215	FRONTIERS OF EARTH SCIENCE	11–5982/P	2095–0195	2095–0209	高等教育出版社有限公司
216	FRONTIERS OF ENGINEERING MANAGEMENT	10–1205/N	2095–7513	2096–0255	中国工程院
217	FRONTIERS OF ENVIRONMENTAL SCIENCE & ENGINEERING	10–1013/X	2095–2201	2095–221X	高等教育出版社有限公司
218	FRONTIERS OF INFORMATION TECHNOLOGY & ELECTRONIC ENGINEERING	33–1389/TP	2095–9184		中国工程院
219	FRONTIERS OF MATERIALS SCIENCE	11–5985/TB	2095–025X	2095–0268	高等教育出版社有限公司
220	FRONTIERS OF MATHEMATICS IN CHINA	11–5739/O1	1673–3452	1673–3576	高等教育出版社有限公司
221	FRONTIERS OF MECHANICAL ENGINEERING	11–5984/TH	2095–0233	2095–0241	中国工程院
222	FRONTIERS OF MEDICINE	11–5983/R	2095–0217	2095–0225	中国工程院
223	FRONTIERS OF OPTOELECTRONICS	10–1029/TN	2095–2759	2095–2767	高等教育出版社有限公司
224	FRONTIERS OF PHYSICS	11–5994/O4	2095–0462	2095–0470	高等教育出版社有限公司
225	FRONTIERS OF STRUCTURAL AND CIVIL ENGINEERING	10–1023/X	2095–2430	2095–2449	高等教育出版社有限公司
226	FUNDAMENTAL RESEARCH	10–1722/N	2096–9457	2667–3258	国家自然科学基金委员会
227	FUNGAL DIVERSITY	10–1636/Q	1560–2745	1878–9129	高等教育出版社有限公司
228	GASTROENTEROLOGY REPORT	44–1750/R	2052–0034	2052–0034	中山大学
229	GENERAL PSYCHIATRY	31–2152/R	2096–5923	2517–729X	上海市精神卫生中心
230	GENES & DISEASES	50–1221/R	2352–3042		重庆医科大学
231	GENOMICS PROTEOMICS & BIOINFORMATICS	11–4926/Q	1672–0229		中国科学院北京基因组研究所（国家生物信息中心）
232	GEODESY AND GEODYNAMICS	42–1806/P	1674–9847	1674–9847	中国地震局地震研究所
233	GEOGRAPHY AND SUSTAINABILITY	10–1657/P	2096–7438	2666–6839	北京师范大学
234	GEOHAZARD MECHANICS	21–1620/O3	2949–7418		辽宁大学
235	GEOSCIENCE FRONTIERS	11–5920/P	1674–9871	1674–9871	中国地质大学（北京）
236	GEO–SPATIAL INFORMATION SCIENCE	42–1610/P	1009–5020	1993–5153	武汉大学
237	GLOBAL ENERGY INTERCONNECTION	10–1551/TK	2096–5117	2590–0358	全球能源互联网集团有限公司
238	GLOBAL GEOLOGY	22–1371/P	1673–9736		吉林大学东北亚国际地学研究与教学中心
239	GLOBAL HEALTH JOURNAL	10–1495/R	2096–3947	2414–6447	人民卫生出版社有限公司
240	GRAIN & OIL SCIENCE AND TECHNOLOGY	41–1447/TS	2096–4501	2590–2598	河南工业大学
241	GRASSLAND RESEARCH	10–1777/S	2097–051X	2770–1743	中国草学会

序号	期刊名称	CN	ISSN	EISSN	主要主办单位
242	GREEN AND SMART MINING ENGINEERING	10-2016/TD	2950-5550		北京科技大学
243	GREEN CARBON	37-1549/O6	2950-1555		中国科学院青岛生物能源与过程研究所
244	GREEN CHEMICAL ENGINEERING	10-1713/TQ	2096-9147	2666-9528	中国科学院过程工程研究所
245	GREEN ENERGY & ENVIRONMENT	10-1418/TK	2096-2797	2468-0257	中国科学院过程工程研究所
246	GREEN ENERGY AND INTELLIGENT TRANSPORTATION	10-1812/U	1876-1100	1876-1119	北京理工大学
247	GUIDANCE, NAVIGATION AND CONTROL	10-1988/V	2737-4807	2737-4920	中国航空学会
248	GUIDELINE AND STANDARD IN CHINESE MEDICINE	10-1924/R2	2837-8792	2837-8806	中国中医科学院中医基础理论研究所
249	GYNECOLOGY AND OBSTETRICS CLINICAL MEDICINE	10-1763/R	2097-0587	2667-1646	北京大学
250	HEALTH DATA SCIENCE	10-1749/R		2765-8783	北京大学
251	HEPATOBILIARY & PANCREATIC DISEASES INTERNATIONAL	33-1391/R	1499-3872		浙江省医疗服务管理评价中心
252	HIGH POWER LASER SCIENCE AND ENGINEERING	31-2078/O4	2095-4719	2052-3289	中国科学院上海光学精密机械研究所
253	HIGH TECHNOLOGY LETTERS	11-3683/N	1006-6748		中国科学技术信息研究所
254	HIGH VOLTAGE	10-1725/TM	2397-7264	2397-7264	中国电力科学研究院有限公司
255	HIGH-SPEED RAILWAY	10-1922/U2	2097-3446		北京交通大学
256	HOLISTIC INTEGRATIVE ONCOLOGY	12-1481/R73	2731-4529		中国抗癌协会
257	HORTICULTURAL PLANT JOURNAL	10-1305/S	2095-9885	2468-0141	中国园艺学会
258	HORTICULTURE RESEARCH	32-1888/S6	2662-6810		南京农业大学
259	IEEE-CAA JOURNAL OF AUTOMATICA SINICA	10-1193/TP	2329-9266		中国自动化学会
260	IET CYBER-SYSTEMS AND ROBOTICS	33-1426/TP		2631-6315	浙江大学
261	ILIVER	10-1764/R	2772-9478		清华大学
262	INFECTION CONTROL	10-1890/R	2095-9753		中国医师协会
263	INFECTION INTERNATIONAL	11-9314/R	2095-2244		人民军医出版社
264	INFECTIOUS DISEASE MODELLING	10-1766/R		2468-0427	中国科技出版传媒股份有限公司（科学出版社）
265	INFECTIOUS DISEASES & IMMUNITY	10-1723/R2	2096-9511	2693-8839	中华医学会
266	INFECTIOUS DISEASES OF POVERTY	10-1399/R	2095-5162	2049-9957	中华医学会
267	INFECTIOUS MEDICINE	10-1774/R	2097-0684	2772-431X	清华大学
268	INFECTIOUS MICROBES & DISEASE	33-1415/R1	2096-7241		浙江大学
269	INFOMAT	51-1799/TB		2567-3165	电子科技大学
270	INFORMATION PROCESSING IN AGRICULTURE	10-1751/S	2214-3173	2214-3173	中国农业大学
271	INNOVATION AND DEVELOPMENT POLICY	10-1513/D	2096-5141		中国科学院科技战略咨询研究院
272	INSECT SCIENCE	11-6019/Q	1672-9609	1744-7917	中国昆虫学会
273	INSTRUMENTATION	10-1206/TH	2095-7521		中国仪器仪表学会
274	INTEGRATIVE ZOOLOGY	11-6012/Q	1749-4877		中国科学院动物研究所
275	INTELLIGENT MEDICINE	10-1714/R2	2667-1026	2667-1026	中华医学会
276	INTERDISCIPLINARY MATERIALS	42-1945/TB	2767-4401	2767-441X	武汉理工大学

序号	期刊名称	CN	ISSN	EISSN	主要主办单位
277	INTERDISCIPLINARY SCIENCES–COMPUTATIONAL LIFE SCIENCES	31–2194/Q	1913–2751	1867–1462	上海交通大学
278	INTERNATIONAL JOURNAL OF FLUID ENGINEERING	34–1343/TH	2994–9009	2994–9017	合肥通用机械研究院有限公司
279	INTERNATIONAL JOURNAL OF COAL SCIENCE & TECHNOLOGY	10–1252/TD	2095–8293	2198–7823	中国煤炭学会
280	INTERNATIONAL JOURNAL OF DERMATOLOGY AND VENEREOLOGY	32–1880/R	2096–5540	2641–8746	中华医学会
281	INTERNATIONAL JOURNAL OF DIGITAL EARTH	10–1173/P	1753–8947	1753–8955	国际数字地球学会
282	INTERNATIONAL JOURNAL OF DISASTER RISK SCIENCE	11–5970/N	2095–0055	2192–6395	民政部国家减灾中心
283	INTERNATIONAL JOURNAL OF EXTREME MANUFACTURING	51–1794/TH	2631–8644	2631–7990	中国工程物理研究院机械制造工艺研究所
284	INTERNATIONAL JOURNAL OF INNOVATION STUDIES	10–1440/G3	2096–2487	2589–2975	中国科技出版传媒股份有限公司（科学出版社）
285	INTERNATIONAL JOURNAL OF MINERALS METALLURGY AND MATERIALS	11–5787/TF	1674–4799	1869–103X	北京科技大学
286	INTERNATIONAL JOURNAL OF MINING SCIENCE AND TECHNOLOGY	32–1827/TD	2095–2686	2212–6066	中国矿业大学
287	INTERNATIONAL JOURNAL OF NURSING SCIENCES	10–1444/R	2352–0132		中华护理学会
288	INTERNATIONAL JOURNAL OF ORAL SCIENCE	51–1707/R	1674–2818	2049–3169	四川大学
289	INTERNATIONAL JOURNAL OF PLANT ENGINEERING AND MANAGEMENT	61–1299/TB	1007–4546		西北工业大学
290	INTERNATIONAL JOURNAL OF SEDIMENT RESEARCH	11–2699/P	1001–6279		国际泥沙研究培训中心
291	INTERNATIONAL JOURNAL OF TRANSPORTATION SCIENCE AND TECHNOLOGY	31–2204/U	2046–0430	2046–0449	同济大学
292	INTERNATIONAL SOIL AND WATER CONSERVATION RESEARCH	10–1107/P	2095–6339		国际泥沙研究培训中心
293	JOURNAL OF ACUPUNCTURE AND TUINA SCIENCE	31–1908/R	1672–3597	1993–0399	上海市针灸经络研究所
294	JOURNAL OF ADVANCED CERAMICS	10–1154/TQ	2226–4108		清华大学
295	JOURNAL OF ADVANCED DIELECTRICS	61–1532/TN	2010–135X	2010–1368	西安交通大学
296	JOURNAL OF ANALYSIS AND TESTING	10–1412/O6	2096–241X	2509–4696	中国有色金属学会
297	JOURNAL OF ANIMAL SCIENCE AND BIOTECHNOLOGY	11–5967/S	1674–9782		中国畜牧兽医学会
298	JOURNAL OF ARID LAND	65–1278/K	1674–6767	2197–7783	中国科学院新疆生态与地理研究所
299	JOURNAL OF AUTOMATION AND INTELLIGENCE	50–1232/TP	2949–8554		重庆大学
300	JOURNAL OF BEIJING INSTITUTE OF TECHNOLOGY	11–2916/T	1004–0579	1004–0579	北京理工大学
301	JOURNAL OF BIONIC ENGINEERING	22–1355/TB	1672–6529		吉林大学
302	JOURNAL OF BIORESOURCES AND BIOPRODUCTS	32–1890/S7	2369–9698		南京林业大学
303	JOURNAL OF BIOSAFETY AND BIOSECURITY	10–1796/Q	2097–2105	2588–9338	中国科技出版传媒股份有限公司（科学出版社）

序号	期刊名称	CN	ISSN	EISSN	主要主办单位
304	JOURNAL OF BIO-X RESEARCH	10-1558/R	2096-5672	2577-3585	中华医学会
305	JOURNAL OF CARDIO-ONCOLOGY	10-2000/R		2773-2304	中华医学会
306	JOURNAL OF CENTRAL SOUTH UNIVERSITY	43-1516/TB	2095-2899	2227-5223	中南大学
307	JOURNAL OF CENTRAL SOUTH UNIVERSITY (SCIENCE AND TECHNOLOGY)	43-1426/N	1672-7207		中南大学
308	JOURNAL OF CEREBROVASCULAR DISEASE	11-9366/R	2096-1111		中华医学会
309	JOURNAL OF CHINESE PHARMACEUTICAL SCIENCES	11-2863/R	1003-1057		中国药学会
310	JOURNAL OF COMMUNICATIONS AND INFORMATION NETWORKS	10-1375/TN	2096-1081	2509-3312	人民邮电出版社有限公司
311	JOURNAL OF COMPUTATIONAL MATHEMATICS	11-2126/O1	0254-9409	1991-7139	中国科学院数学与系统科学研究院
312	JOURNAL OF COMPUTER SCIENCE AND TECHNOLOGY	11-2296/TP	1000-9000		中国科学院计算技术研究所
313	JOURNAL OF CONTROL AND DECISION	21-1593/TP	2330-7706	2330-7714	东北大学
314	JOURNAL OF COTTON RESEARCH	41-1451/S	2096-5044	2523-3254	中国农业科学院棉花研究所
315	JOURNAL OF DATA AND INFORMATION SCIENCE	10-1394/G2	2096-157X	2543-683X	中国科学院文献情报中心
316	JOURNAL OF DONGHUA UNIVERSITY(ENGLISH EDITION)	31-1920/TS	1672-5220		东华大学
317	JOURNAL OF EARTH SCIENCE	42-1788/P	1674-487X	1867-111X	中国地质大学（武汉）
318	JOURNAL OF ELECTRONIC SCIENCE AND TECHNOLOGY	51-1724/TN	1674-862X	2666-223X	电子科技大学
319	JOURNAL OF ENERGY CHEMISTRY	10-1287/O6	2095-4956		中国科技出版传媒股份有限公司（科学出版社）
320	JOURNAL OF ENVIRONMENTAL ACCOUNTING AND MANAGEMENT	10-1358/X	2325-6192	2325-6206	北京师范大学
321	JOURNAL OF ENVIRONMENTAL SCIENCES	11-2629/X	1001-0742	1878-7320	中国科学院生态环境研究中心
322	JOURNAL OF FORESTRY RESEARCH	23-1409/S	1007-662X	1993-0607	东北林业大学
323	JOURNAL OF GENETICS AND GENOMICS	11-5450/R	1673-8527	1873-5533	中国科学院遗传与发育生物学研究所
324	JOURNAL OF GEODESY AND GEOINFORMATION SCIENCE	10-1544/P	2096-5990	2096-1650	测绘出版社
325	JOURNAL OF GEOGRAPHICAL SCIENCES	11-4546/P	1009-637X	1861-9568	中国地理学会
326	JOURNAL OF GERIATRIC CARDIOLOGY	11-5329/R	1671-5411		解放军总医院老年心血管病研究所
327	JOURNAL OF HARBIN INSTITUTE OF TECHNOLOGY	23-1378/T	1005-9113		哈尔滨工业大学
328	JOURNAL OF HYDRODYNAMICS	31-1563/T	1001-6058	1878-0342	中国船舶科学研究中心
329	JOURNAL OF INFORMATION AND INTELLIGENCE	61-1529/TN	2097-2849	2949-7159	西安电子科技大学
330	JOURNAL OF INNOVATIVE OPTICAL HEALTH SCIENCES	42-1910/R	1793-5458	1793-7205	华中科技大学
331	JOURNAL OF INTEGRATIVE AGRICULTURE	10-1039/S	2095-3119	2352-3425	中国农业科学院
332	JOURNAL OF INTEGRATIVE MEDICINE-JIM	31-2083/R	2095-4964		上海市中西医结合学会

序号	期刊名称	CN	ISSN	EISSN	主要主办单位
333	JOURNAL OF INTEGRATIVE PLANT BIOLOGY	11-5067/Q	1672-9072	1744-7909	中国植物学会
334	JOURNAL OF INTENSIVE MEDICINE	10-1765/R	2097-0250	2667-100X	中华医学会
335	JOURNAL OF INTERVENTIONAL MEDICINE	31-2138/R	2096-3602	2590-0293	同济大学出版社有限公司
336	JOURNAL OF IRON AND STEEL RESEARCH INTERNATIONAL	11-3678/TF	1006-706X	2210-3988	中国钢研科技集团有限公司
337	JOURNAL OF LEATHER SCIENCE AND ENGINEERING	51-1791/TS	2524-7859		四川大学
338	JOURNAL OF MAGNESIUM AND ALLOYS	50-1220/TF	2213-9567		重庆大学
339	JOURNAL OF MANAGEMENT ANALYTICS	31-2191/C93	2327-0012	2327-0039	上海交通大学
340	JOURNAL OF MANAGEMENT SCIENCE AND ENGINEERING	10-1383/C	2096-2320		中国科技出版传媒股份有限公司（科学出版社）
341	JOURNAL OF MARINE SCIENCE AND APPLICATION	23-1505/T	1671-9433	1993-5048	哈尔滨工程大学
342	JOURNAL OF MATERIALS SCIENCE & TECHNOLOGY	21-1315/TG	1005-0302		中国金属学会
343	JOURNAL OF MATERIOMICS	10-1466/TQ	2352-8478	2352-8478	中国硅酸盐学会
344	JOURNAL OF MATHEMATICAL RESEARCH WITH APPLICATIONS	21-1579/O1	2095-2651		大连理工大学
345	JOURNAL OF MATHEMATICAL STUDY	35-1342/O1	2096-9856	2617-8702	厦门大学
346	JOURNAL OF MEASUREMENT SCIENCE AND INSTRUMENTATION	14-1357/TH	1674-8042		中北大学
347	JOURNAL OF METEOROLOGICAL RESEARCH	11-2277/P	2095-6037		中国气象学会
348	JOURNAL OF MODERN POWER SYSTEMS AND CLEAN ENERGY	32-1884/TK	2196-5625	2196-5420	国网电力科学研究院有限公司
349	JOURNAL OF MOLECULAR CELL BIOLOGY	31-2002/Q	1674-2788	1759-4685	中国科学院分子细胞科学卓越创新中心
350	JOURNAL OF MOLECULAR SCIENCE	22-1262/O4	1000-9035		中国化学会
351	JOURNAL OF MOUNTAIN SCIENCE	51-1668/P	1672-6316	1993-0321	中国科学院、水利部成都山地灾害与环境研究所
352	JOURNAL OF NEURORESTORATOLOGY	10-1945/R74	2324-2426	2324-2426	清华大学
353	JOURNAL OF NORTHEAST AGRICULTURAL UNIVERSITY	23-1392/S	1006-8104		东北农业大学
354	JOURNAL OF NUTRITIONAL ONCOLOGY	10-1448/R	2096-2746		人民卫生出版社有限责任公司
355	JOURNAL OF OCEAN ENGINEERING AND SCIENCE	31-2162/P7	2468-0133	2468-0133	上海交通大学
356	JOURNAL OF OCEAN UNIVERSITY OF CHINA	37-1415/P	1672-5182	1993-5021	中国海洋大学
357	JOURNAL OF OCEANOLOGY AND LIMNOLOGY	37-1518/P	2096-5508	2523-3521	中国海洋湖沼学会
358	JOURNAL OF OTOLOGY	11-4883/R	1672-2930	1672-2930	解放军总医院耳鼻咽喉头颈外科耳鼻咽喉研究所
359	JOURNAL OF PALAEOGEOGRAPHY-ENGLISH	10-1041/P	2095-3836		中国石油大学（北京）
360	JOURNAL OF PANCREATOLOGY	10-1560/R	2096-5664	2577-3577	中华医学会
361	JOURNAL OF PARTIAL DIFFERENTIAL EQUATIONS	41-1104/O1	1000-940X		郑州大学数学研究所

序号	期刊名称	CN	ISSN	EISSN	主要主办单位
362	JOURNAL OF PHARMACEUTICAL ANALYSIS	61-1484/R	2095-1779		西安交通大学
363	JOURNAL OF PLANT ECOLOGY	10-1172/Q	1752-9921		中国植物学会
364	JOURNAL OF RARE EARTHS	11-2788/TF	1002-0721	1002-0721	中国稀土学会
365	JOURNAL OF REMOTE SENSING	10-1734/V		2694-1589	中国科学院空天信息创新研究院
366	JOURNAL OF RESOURCES AND ECOLOGY	11-5885/P	1674-764X		中国科学院地理科学与资源研究所
367	JOURNAL OF ROAD ENGINEERING	61-1520/U	2097-0498	2773-0077	长安大学
368	JOURNAL OF ROCK MECHANICS AND GEOTECHNICAL ENGINEERING	42-1801/O3	1674-7755	2589-0417	中国科学院武汉岩土力学研究所
369	JOURNAL OF SAFETY AND RESILIENCE	10-1656/X	2666-4496	2096-7527	中国科技出版传媒股份有限公司（科学出版社）
370	JOURNAL OF SCIENCE IN SPORT AND EXERCISE	10-1599/G8	2096-6709	2662-1371	北京体育大学
371	JOURNAL OF SEMICONDUCTORS	11-5781/TN	1674-4926	1674-4926	中国科学院半导体研究所
372	JOURNAL OF SHANGHAI JIAOTONG UNIVERSITY (SCIENCE)	31-1943/U	1007-1172		上海交通大学
373	JOURNAL OF SOCIAL COMPUTING	10-1981/TP	2688-5255		清华大学
374	JOURNAL OF SOUTHEAST UNIVERSITY (ENGLISH EDITION)	32-1325/N	1003-7985		东南大学
375	JOURNAL OF SPORT AND HEALTH SCIENCE	31-2066/G8	2095-2546		上海体育学院
376	JOURNAL OF SYSTEMATICS AND EVOLUTION	11-5779/Q	1674-4918	1759-6831	中国科学院植物研究所
377	JOURNAL OF SYSTEMS ENGINEERING AND ELECTRONICS	11-3018/N	1004-4132		中国航天科工防御技术研究院
378	JOURNAL OF SYSTEMS SCIENCE & COMPLEXITY	11-4543/O1	1009-6124	1559-7067	中国科学院数学与系统科学研究院
379	JOURNAL OF SYSTEMS SCIENCE AND INFORMATION	10-1192/N	1478-9906		中国系统工程学会
380	JOURNAL OF SYSTEMS SCIENCE AND SYSTEMS ENGINEERING	11-2983/N	1004-3756	1861-9576	中国系统工程学会
381	JOURNAL OF THE CHINESE NATION STUDIES	10-1790/C	2097-1281		中央民族大学
382	JOURNAL OF THE NATIONAL CANCER CENTER	10-1676/R73	2667-0054	2667-0054	国家癌症中心
383	JOURNAL OF THE OPERATIONS RESEARCH SOCIETY OF CHINA	10-1191/O1	2194-668X	2194-6698	中国运筹学会
384	JOURNAL OF THERMAL SCIENCE	11-2853/O4	1003-2169	1993-033X	中国科学院工程热物理研究所
385	JOURNAL OF TRADITIONAL CHINESE MEDICAL SCIENCES	10-1218/R	1001-2379		北京中医药大学
386	JOURNAL OF TRADITIONAL CHINESE MEDICINE	11-2167/R	0255-2922	1577-7014	中国中医药学会
387	JOURNAL OF TRAFFIC AND TRANSPORTATION ENGINEERING ENGLISH EDITION	61-1494/U	2095-7564		长安大学
388	JOURNAL OF TRANSLATIONAL NEUROSCIENCE	11-9363/R	2096-0689		高等教育出版社有限公司
389	JOURNAL OF TROPICAL METEOROLOGY	44-1409/P	1006-8775	1006-8775	广州热带海洋气象研究所
390	JOURNAL OF WUHAN UNIVERSITY OF TECHNOLOGY-MATERIALS SCIENCE EDITION	42-1680/TB	1000-2413		武汉理工大学

序号	期刊名称	CN	ISSN	EISSN	主要主办单位
391	JOURNAL OF ZHEJIANG UNIVERSITY-SCIENCE A	33-1236/O4	1673-565X	1862-1775	浙江大学
392	JOURNAL OF ZHEJIANG UNIVERSITY-SCIENCE B	33-1356/Q	1673-1581	1862-1783	浙江大学
393	LANDSCAPE ARCHITECTURE FRONTIERS	10-1467/TU	2096-336X		高等教育出版社有限公司
394	LANGUAGE & SEMIOTIC STUDIES	32-1859/H	2096-031X		苏州大学
395	LAPAROSCOPIC, ENDOSCOPIC AND ROBOTIC SURGERY	33-1421/R	2468-9009		浙江大学
396	LIFE METABOLISM	10-1885/R		2755-0230	高等教育出版社有限公司
397	LIGHT-SCIENCE & APPLICATIONS	22-1404/O4	2095-5545		中国科学院长春光学精密机械与物理研究所
398	LIVER RESEARCH	44-1725/R	2096-2878	2542-5684	中山大学
399	LOW-CARBON MATERIALS AND GREEN CONSTRUCTION	31-2203/TU	2731-6319	2731-9008	同济大学
400	MACHINE INTELLIGENCE RESEARCH	10-1799/TP	2731-538X	2731-5398	中国科学院自动化研究所
401	MAGNETIC RESONANCE LETTERS	42-1917/O4	2097-0048	2772-5162	中国科学院精密测量科学与技术创新研究院
402	MALIGNANCY SPECTRUM	10-1989/R	2770-9140		高等教育出版社有限公司
403	MARINE LIFE SCIENCE & TECHNOLOGY	37-1519/Q	2096-6490	2662-1746	中国海洋大学
404	MARINE SCIENCE BULLETIN	12-1271/N	1000-9620		国家海洋信息中心
405	MATERIALS GENOME ENGINEERING ADVANCES	10-1941/TB	2940-9489		北京科技大学
406	MATERNAL-FETAL MEDICINE	10-1632/R71	2096-6954	2641-5895	中华医学会
407	MATTER AND RADIATION AT EXTREMES	51-1768/O4	2468-2047		中国工程物理研究院科技信息中心
408	MEDICAL REVIEW	10-1793/R	2097-0733	2749-9642	北京大学
409	MEDICINE PLUS	10-1883/R	2950-3477		中国科技出版传媒股份有限公司（科学出版社）
410	MED-X	31-2201/R	2097-440X	2790-8119	上海交通大学
411	MICROSYSTEMS & NANOENGINEERING	10-1327/TN	2055-7434		中国科学院电子学研究所
412	MILITARY MEDICAL RESEARCH	10-2094/R	2095-7467		人民军医出版社
413	MLIFE	10-1839/Q	2097-1699	2770-100X	中国科学院微生物研究所
414	MOLECULAR PLANT	31-2013/Q	1674-2052	1752-9867	中国科学院分子植物科学卓越创新中心
415	MYCOLOGY	10-1918/Q	2150-1203	2150-1211	中国科学院微生物研究所
416	MYCOSPHERE	10-1918/Q	2077-7000	2077-7019	中国科学院微生物研究所
417	NANO BIOMEDICINE AND ENGINEERING	31-2196/Q	2097-3837	2150-5578	上海交通大学
418	NANO MATERIALS SCIENCE	50-1217/TB	2589-9651	2589-9651	重庆大学
419	NANO RESEARCH	11-5974/O4	1998-0124		清华大学
420	NANO RESEARCH ENERGY	10-1944/O6	2791-0091	2790-8119	清华大学
421	NANOMANUFACTURING AND METROLOGY	12-1463/TB	2520-811X	2520-8128	天津大学
422	NANO-MICRO LETTERS	31-2103/TB	2311-6706	2150-5551	上海交通大学
423	NANOTECHNOLOGY AND PRECISION ENGINEERING	12-1458/O3	1672-6030	2589-5540	天津大学
424	NATIONAL SCIENCE OPEN	10-1767/N	2097-1168		中国科技出版传媒股份有限公司（科学出版社）

序号	期刊名称	CN	ISSN	EISSN	主要主办单位
425	NATIONAL SCIENCE REVIEW	10-1088/N	2095-5138		中国科技出版传媒股份有限公司（科学出版社）
426	NATURAL PRODUCTS AND BIOPROSPECTING	53-1234/Q	2192-2195		中国科学院昆明植物研究所
427	NEURAL REGENERATION RESEARCH	11-5422/R	1673-5374		中国康复医学会
428	NEUROPROTECTION	10-2001/R74	2770-7296	2770-730X	中华医学会
429	NEUROSCIENCE BULLETIN	31-1975/R	1673-7067		中国科学院脑科学与智能技术卓越创新中心
430	NPJ COMPUTATIONAL MATERIALS	31-2149/TQ	2057-3960		中国科学院上海硅酸盐研究所
431	NPJ FLEXIBLE ELECTRONICS	32-1908/TN		2397-4621	南京工业大学
432	NUCLEAR SCIENCE AND TECHNIQUES	31-1559/TL	1001-8042	2210-3147	中国科学院上海应用物理研究所
433	NUMERICAL MATHEMATICS-THEORY METHODS AND APPLICATIONS	32-1348/O1	1004-8979	2079-7338	南京大学
434	OIL CROP SCIENCE	42-1861/S	2096-2428	2666-626X	中国农业科学院油料作物研究所
435	ONCOLOGY AND TRANSLATIONAL MEDICINE	42-1865/R	2095-9621		华中科技大学同济医学院
436	OPTO-ELECTRONIC ADVANCES	51-1781/TN	2096-4579		中国科学院光电技术研究所
437	OPTO-ELECTRONIC SCIENCE	51-1800/O4	2097-0382		中国科学院光电技术研究所
438	OPTOELECTRONICS LETTERS	12-1370/TN	1673-1905	1993-5013	天津理工大学
439	PAPER AND BIOMATERIALS	10-1401/TS	2096-2355		中国造纸学会
440	PARTICUOLOGY	11-5671/O3	1674-2001		中国颗粒学会
441	PEDIATRIC INVESTIGATION	10-1593/R72	2096-3726	2574-2272	中华医学会
442	PEDOSPHERE	32-1315/P	1002-0160	2210-5107	中国科学院南京土壤研究所
443	PEKING MATHEMATICAL JOURNAL	10-1587/O1	2096-6075	2524-7182	北京大学
444	PETROLEUM	51-1785/TE	2405-6561		西南石油大学
445	PETROLEUM RESEARCH	10-1439/TE	2096-2495		中国石油学会
446	PETROLEUM SCIENCE	11-4995/TE	1672-5107	1995-8226	中国石油大学（北京）
447	PHENOMICS	31-2207/Q3	2730-583X	2730-5848	复旦大学
448	PHOTONIC SENSORS	51-1725/TP	1674-9251	2190-7439	电子科技大学
449	PHOTONICS RESEARCH	31-2126/O4	2327-9125	2327-9125	中国科学院上海光学精密机械研究所
450	PHYTOPATHOLOGY RESEARCH	10-1545/Q	2096-5362	2524-4167	中国植物病理学会
451	PLANT COMMUNICATIONS	31-2192/Q	2590-3462	2590-3462	中国科学院分子植物科学卓越创新中心
452	PLANT DIVERSITY	53-1233/Q	2096-2703		中国科学院昆明植物研究所
453	PLANT PHENOMICS	32-1898/Q	2643-6515	2643-6515	南京农业大学
454	PLASMA SCIENCE & TECHNOLOGY	34-1187/TL	1009-0630	2058-6272	中国科学院合肥物质科学研究院
455	PORTAL HYPERTENSION & CIRRHOSIS	10-1983/R5	2770-5838	2770-5846	中华医学会
456	PRECISION CHEMISTRY	34-1344/O6	2771-9316		中国科学技术大学
457	PRECISION CLINICAL MEDICINE	51-1784/R	2096-5303		四川大学
458	PROBABILITY, UNCERTAINTY AND QUANTITATIVE RISK	37-1505/O1	2095-9672	2367-0126	山东大学
459	PROGRESS IN NATURAL SCIENCE-MATERIALS INTERNATIONAL	10-1147/N	1002-0071	1745-5391	中国材料研究学会
460	PROPULSION AND POWER RESEARCH	10-1919/V	2212-540X	2212-540X	北京航空航天大学
461	PROTEIN & CELL	11-5886/Q	1674-800X	1674-8018	高等教育出版社有限公司
462	QUANTITATIVE BIOLOGY	10-1082/Q	2095-4689		高等教育出版社有限公司

序号	期刊名称	CN	ISSN	EISSN	主要主办单位
463	QUANTUM FRONTIERS	31-2190/O4	2731-6106		上海交通大学
464	RADIATION DETECTION TECHNOLOGY AND METHODS	10-1633/TL	2509-9930	2509-9949	中国科学院高能物理研究所
465	RADIATION MEDICINE AND PROTECTION	10-1773/R	2666-5557		中华医学会
466	RADIOLOGY OF INFECTIOUS DISEASES	10-1595/R8	2352-6211		人民卫生出版社有限公司
467	RAILWAY ENGINEERING SCIENCE	51-1795/U	2662-4745	2662-4753	西南交通大学
468	RARE METALS	11-2112/TF	1001-0521	1867-7185	中国有色金属学会
469	REGENERATIVE BIOMATERIALS	51-1798/R	2056-3418	2056-3426	中国生物材料学会
470	REGIONAL SUSTAINABILITY	65-1317/X	2097-0129	2666-660X	中国科学院新疆生态与地理研究所
471	REPRODUCTIVE AND DEVELOPMENTAL MEDICINE	10-1442/R	2096-2924	2589-8728	中华医学会
472	RESEARCH	10-1541/N	2096-5168	2639-5274	科技导报社
473	RESEARCH IN ASTRONOMY AND ASTROPHYSICS	11-5721/P	1674-4527	2397-6209	中国科学院国家天文台
474	RHEUMATOLOGY & AUTOIMMUNITY	10-1881/R	2767-1410	2767-1429	中华医学会
475	RICE SCIENCE	33-1317/S	1672-6308	1876-4762	中国水稻研究所
476	ROCK MECHANICS BULLETIN	10-1987/O3	2773-2304	2834-5495	中国岩石力学与工程学会
477	SATELLITE NAVIGATION	10-1625/P2	2662-9291	2662-1363	中国科学院空天信息研究院
478	SCIENCE BULLETIN	10-1298/N	2095-9273	2095-9281	中国科学院
479	SCIENCE CHINA-CHEMISTRY	11-5839/O6	1674-7291	1869-1870	中国科学院
480	SCIENCE CHINA-EARTH SCIENCES	11-5843/P	1674-7313	1869-1897	中国科学院
481	SCIENCE CHINA-INFORMATION SCIENCES	11-5847/TP	1674-733X	1869-1919	中国科学院
482	SCIENCE CHINA-LIFE SCIENCES	11-5841/Q	1674-7305	1869-1889	中国科学院
483	SCIENCE CHINA-MATERIALS	10-1236/TB	2095-8226	2199-4501	中国科学院
484	SCIENCE CHINA-MATHEMATICS	11-5837/O1	1674-7283	1869-1862	中国科学院
485	SCIENCE CHINA-PHYSICS MECHANICS & ASTRONOMY	11-5849/N	1674-7348	1869-1927	中国科学院
486	SCIENCE CHINA-TECHNOLOGICAL SCIENCES	11-5845/TH	1674-7321	1869-1900	中国科学院
487	SCIENCE OF TRADITIONAL CHINESE MEDICINE	10-1916/R	2836-922X	2836-9211	中国中医科学院中药研究所
488	SCIENCES IN COLD AND ARID REGIONS	62-1201/P	1674-3822		中国科学院寒区旱区环境与工程研究所
489	SECURITY AND SAFETY	10-1841/TP	2097-2121	2826-1275	中国科技出版传媒股份有限公司（科学出版社）
490	SEED BIOLOGY	46-1088/Q	2834-5495	2667-3703	海南省崖州湾种子实验室
491	SHE JI: THE JOURNAL OF DESIGN, ECONOMICS, AND INNOVATION	31-2205/TB	2405-8726	2405-8718	同济大学
492	SIGNAL TRANSDUCTION AND TARGETED THERAPY	51-1758/R	2095-9907		四川大学
493	SMARTMAT	12-1478/O6	2766-8525	2688-819X	天津大学
494	SOIL ECOLOGY LETTERS	10-1628/S1	2662-2289	2662-2297	高等教育出版社有限公司
495	SOLID EARTH SCIENCES	44-1677/P	2451-912X	2451-912X	中国科学院广州地球化学研究所
496	SOUTH CHINA JOURNAL OF CARDIOLOGY	44-1512/R	1009-8933		广东省心血管病研究所
497	SPACE：SCIENCE & TECHNOLOGY	10-1811/V		2692-7659	北京理工大学

序号	期刊名称	CN	ISSN	EISSN	主要主办单位
498	STATISTICAL THEORY AND RELATED FIELDS	31-2182/O1	2475-4269	2475-4277	华东师范大学
499	STRESS BIOLOGY	61-1533/Q	2731-0450	2837-8806	西北农林科技大学
500	STROKE AND VASCULAR NEUROLOGY	10-1528/R	2059-8688		中国卒中学会
501	SUPERCONDUCTIVITY	31-2188/TM		2772-8307	上海交通大学
502	SURFACE SCIENCE AND TECHNOLOGY	50-1227/TG	2097-3624	2731-7838	中国兵器装备集团西南技术工程研究所
503	SUSMAT	51-1809/TB	2766-8479	2692-4552	四川大学
504	SYNTHETIC AND SYSTEMS BIOTECHNOLOGY	10-1776/Q	2405-805X	2405-805X	中国科技出版传媒股份有限公司（科学出版社）
505	THE INTERNATIONAL JOURNAL OF INTELLIGENT CONTROL AND SYSTEMS	10-1942/TP	0218-7965	2751-7446	中国自动化学会
506	THE JOURNAL OF BIOMEDICAL RESEARCH	32-1810/R	1674-8301		南京医科大学
507	THE JOURNAL OF CHINA UNIVERSITIES OF POSTS AND TELECOMMUNICATIONS	11-3486/TN	1005-8885		北京邮电大学
508	THEORETICAL & APPLIED MECHANICS LETTERS	11-5991/O3	2095-0349		中国力学学会
509	TRANSACTIONS OF NANJING UNIVERSITY OF AERONAUTICS AND ASTRONAUTICS	32-1389/V	1005-1120		南京航空航天大学
510	TRANSACTIONS OF NONFERROUS METALS SOCIETY OF CHINA	43-1239/TG	1003-6326	2210-3384	中国有色金属学会
511	TRANSACTIONS OF TIANJIN UNIVERSITY	12-1248/T	1006-4982	1995-8196	天津大学
512	TRANSLATIONAL NEURODEGENERATION	31-2159/R74	2047-9158	2047-9158	上海交通大学医学院附属瑞金医院
513	TRANSPORTATION SAFETY AND ENVIRONMENT	43-1553/U2	2631-6765	2631-4428	中南大学
514	TSINGHUA SCIENCE AND TECHNOLOGY	11-3745/N	1007-0214	1878-7606	清华大学
515	TUNGSTEN	36-1350/TF	2661-8028	2661-8036	江西理工大学
516	ULTRAFAST SCIENCE	61-1519/O4	2765-8791		中国科学院西安光学精密机械研究所
517	UNDERGROUND SPACE	31-2130/TU	2096-2754	2467-9674	同济大学
518	UNMANNED SYSTEMS	10-1779/TP	2301-3850	2301-3869	北京理工大学
519	UROPRECISION	10-1884/R	2835-1061	2835-1053	高等教育出版社有限公司
520	VERTEBRATA PALASIATICA	10-1715/Q	2096-9899		中国科学院古脊椎动物与古人类研究所
521	VIROLOGICA SINICA	42-1760/Q	1674-0769	1995-820X	中国科学院武汉病毒所
522	VIRTUAL REALITY & INTELLIGENT HARDWARE, VRIH	10-1561/TP	2096-5796		中国科技出版传媒股份有限公司（科学出版社）
523	VISUAL COMPUTING FOR INDUSTRY, BIOMEDICINE AND ART	10-1521/TP	1003-4951	2524-4442	中国图学学会
524	VISUAL INFORMATICS	33-1428/TP	2468-502X	2468-502X	浙江大学
525	VISUAL INTELLIGENCE	10-1920/TP	2097-3330	2731-9008	中国图象图形学学会
526	WASTE DISPOSAL & SUSTAINABLE ENERGY	33-1423/TK	2524-7980	2524-7891	浙江大学
527	WATER BIOLOGY AND SECURITY	42-1940/Q		2772-7351	中国科学院水生生物研究所
528	WATER SCIENCE AND ENGINEERING	32-1785/TV	1674-2370		河海大学

序号	期刊名称	CN	ISSN	EISSN	主要主办单位
529	WORLD JOURNAL OF ACUPUNCTURE-MOXIBUSTION	11-2892/R	1003-5257		世界针灸学会联合会
530	WORLD JOURNAL OF EMERGENCY MEDICINE	33-1408/R	1920-8642		浙江大学
531	WORLD JOURNAL OF INTEGRATED TRADITIONAL AND WESTERN MEDICINE	10-1354/R	2096-0964		中华中医药学会
532	WORLD JOURNAL OF OTORHINOLARYNGOLOGY-HEAD AND NECK SURGERY	10-1248/R	2095-8811		中华医学会
533	WORLD JOURNAL OF PEDIATRIC SURGERY	33-1413/R72	2096-6938	2516-5410	浙江大学
534	WORLD JOURNAL OF PEDIATRICS	33-1390/R	1708-8569		浙江大学
535	WORLD JOURNAL OF TRADITIONAL CHINESE MEDICINE	10-1395/R	2311-8571		世界中医药学会联合会
536	WUHAN UNIVERSITY JOURNAL OF NATURAL SCIENCES	42-1405/N	1007-1202		武汉大学
537	ZOOLOGICAL RESEARCH	53-1229/Q	2095-8137	2095-8137	中国科学院昆明动物研究所
538	ZOOLOGICAL RESEARCH: DIVERSITY AND CONSERVATION	53-1243/Q95	2097-3772		中国科学院昆明动物研究所
539	ZOOLOGICAL SYSTEMATICS	10-1160/Q	2095-6827		中国科学院动物研究所
540	ZTE COMMUNICATIONS	34-1294/TN	1673-5188		时代出版传媒股份有限公司

2 中国英文科技期刊指标

2.1 2023 年中国英文科技期刊指标（来源部分）

序号	期刊名称	来源文献量	文献选出率	平均引文数	平均作者数	地区分布数	机构分布数	海外论文比	基金论文比	引用半衰期
1	ABIOTECH	37								
2	ACTA BIOCHIMICA ET BIOPHYSICA SINICA	201	1.00	53.8	7.5	27	135	0.01	0.99	6.01
3	ACTA EPILEPSY	30	0.86	38.6	6.2	12	26	0.23	0.60	7.64
4	ACTA GEOCHIMICA	71	1.00	70.7	4.6	15	49	0.42	0.79	14.96
5	ACTA GEOLOGICA SINICA–ENGLISH EDITION	123	0.96	78.1	6.2	21	58	0.07	0.93	11.93
6	ACTA MATHEMATICA SCIENTIA	147	0.99	29.6	2.4	24	112	0.08	0.93	13.77
7	ACTA MATHEMATICA SINICA–ENGLISH SERIES	136	0.92	26.0	2.3	25	103	0.17	0.93	14.24
8	ACTA MATHEMATICAE APPLICATAE SINICA–ENGLISH SERIES	59	0.94	26.7	2.4	17	50	0.07	0.90	16.20
9	ACTA MECHANICA SINICA	170	0.93	43.5	4.4	21	89	0.16	0.91	7.85
10	ACTA MECHANICA SOLIDA SINICA	80	1.00	37.0	4.1	21	58	0.10	0.93	7.89
11	ACTA METALLURGICA SINICA–ENGLISH LETTERS	159	0.97	50.3	6.9	20	69	0.04	0.98	6.72
12	ACTA OCEANOLOGICA SINICA	170	1.00	54.1	6.3	21	90	0.04	0.94	11.32
13	ACTA PHARMACEUTICA SINICA B	309	0.96	89.7	9.9	20	164	0.16	0.99	5.99
14	ACTA PHARMACOLOGICA SINICA	200	1.00	62.6	10.7	18	111	0.05	1.00	6.49
15	ACUPUNCTURE AND HERBAL MEDICINE	37	0.97	64.4	6.8	12	19	0.03	0.92	5.19
16	ADDITIVE MANUFACTURING FRONTIERS	—								
17	ADVANCED FIBER MATERIALS	103								
18	ADVANCED PHOTONICS	70	1.00	56.7	6.6	8	44	0.43	0.74	5.54
19	ADVANCES IN APPLIED MATHEMATICS AND MECHANICS	285								
20	ADVANCES IN ATMOSPHERIC SCIENCES	160	0.95	59.8	6.2	17	63	0.11	0.93	8.28
21	ADVANCES IN CLIMATE CHANGE RESEARCH	96	1.00	48.2	5.9	13	48	0.04	0.98	6.32
22	ADVANCES IN MANUFACTURING	44	1.00	39.4	4.9	12	29	0.14	0.93	6.44
23	ADVANCES IN METEOROLOGICAL SCIENCE AND TECHNOLOGY	102	0.93	19.7	3.7	22	58	0.02	0.64	9.64
24	ADVANCES IN POLAR SCIENCE	27	0.77	46.7	5.3	7	21	0.11	0.93	8.90
25	AEROSPACE CHINA	30	0.83	8.5	4.3	3	18	0.13	0.23	9.75
26	AEROSPACE SYSTEMS	185								
27	AGRICULTURAL SCIENCE & TECHNOLOGY	32	0.94	20.9	6.0	9	22		0.94	6.84
28	AI IN CIVIL ENGINEERING	9								
29	ALGEBRA COLLOQUIUM	52	0.93	19.1	2.4	18	49	0.25	0.87	14.83

序号	期刊名称	来源文献量	文献选出率	平均引文数	平均作者数	地区分布数	机构分布数	海外论文比	基金论文比	引用半衰期
30	ANALYSIS IN THEORY AND APPLICATIONS	24	1.00	21.5	2.1	12	23	0.21	0.79	15.85
31	ANIMAL DISEASES	38								
32	ANIMAL MODELS AND EXPERIMENTAL MEDICINE	65	0.93	55.5	6.5	12	52	0.28	0.92	6.23
33	ANIMAL NUTRITION	149	0.97	70.7	7.4	22	71	0.27	0.92	7.96
34	ANNALS OF APPLIED MATHEMATICS	22								
35	APPLIED GEOPHYSICS	54	0.90	28.5	5.4	12	39		1.00	10.49
36	APPLIED MATHEMATICS AND MECHANICS–ENGLISH EDITION	126	0.91	42.6	3.9	21	78	0.21	0.94	6.63
37	APPLIED MATHEMATICS–A JOURNAL OF CHINESE UNIVERSITIES SERIES B	44	0.94	28.1	2.6	14	41	0.45	0.64	11.77
38	AQUACULTURE AND FISHERIES	83	0.98	56.0	5.1	7	53	0.57	0.86	10.17
39	ARTIFICIAL INTELLIGENCE IN AGRICULTURE	104								
40	ASIAN HERPETOLOGICAL RESEARCH	28	0.97	54.3	6.2	10	19	0.21	0.93	12.30
41	ASIAN JOURNAL OF ANDROLOGY	131	0.96	37.4	7.3	19	99	0.28	0.68	7.40
42	ASIAN JOURNAL OF PHARMACEUTICAL SCIENCES	60	0.98	85.3	8.6	17	46	0.20	0.87	4.50
43	ASIAN JOURNAL OF UROLOGY	79	1.00	33.3	7.3	8	71	0.78	0.16	7.77
44	ASTRODYNAMICS	27								
45	ASTRONOMICAL TECHNIQUES AND INSTRUMENTS	67	1.00	18.2	4.5	15	33		0.96	9.40
46	ATMOSPHERIC AND OCEANIC SCIENCE LETTERS	68	1.00	37.4	3.8	10	27	0.07	1.00	8.05
47	AUTOMOTIVE INNOVATION	48	1.00	43.4	5.1	11	30	0.19	0.85	5.33
48	AUTONOMOUS INTELLIGENT SYSTEMS	53								
49	AVIAN RESEARCH	81	1.00	70.5	5.6	19	62	0.44	0.96	10.70
50	BAOSTEEL TECHNICAL RESEARCH	24	0.86	13.7	3.1	3	7			9.65
51	BIG DATA MINING AND ANALYTICS	42	0.93	45.2	4.7	8	34	0.64	0.38	5.57
52	BIG EARTH DATA	32								
53	BIOACTIVE MATERIALS	1293								
54	BIOCHAR	91								
55	BIO–DESIGN AND MANUFACTURING	47	1.00	68.5	7.3	15	41	0.38	0.91	5.38
56	BIODESIGN RESEARCH	64								
57	BIOMATERIALS TRANSLATIONAL	30	1.00	65.0	4.7	9	20	0.30	0.70	5.82
58	BIOMEDICAL AND ENVIRONMENTAL SCIENCES	155	0.99	27.4	7.4	25	99	0.05	0.76	6.03
59	BIOMEDICAL ENGINEERING FRONTIERS	23								
60	BIOMIMETIC INTELLIGENCE AND ROBOTICS	32	1.00	39.1	5.3	9	27	0.41	0.84	5.26
61	BIOPHYSICS REPORTS	28	0.93	54.5	5.6	10	24	0.14	0.96	7.29
62	BIOSAFETY AND HEALTH	48	0.98	46.7	9.4	13	47	0.15	0.71	4.20
63	BIOSURFACE AND BIOTRIBOLOGY	87								
64	BLOCKCHAIN: RESEARCH & APPLICATIONS	40	1.00	60.9	3.2	4	37	0.83	0.43	4.07
65	BLOOD SCIENCE	14	1.00	38.6	4.0	5	10	0.29	0.43	4.30

序号	期刊名称	来源文献量	文献选出率	平均引文数	平均作者数	地区分布数	机构分布数	海外论文比	基金论文比	引用半衰期
66	BMEMAT（BIOMEDICAL ENGINEERING MATERIALS）	32								
67	BONE RESEARCH	60	0.98	121.6	11.4	14	50	0.43	0.95	7.19
68	BRAIN NETWORK DISORDERS	—								
69	BRAIN SCIENCE ADVANCES	24								
70	BUILDING SIMULATION	143	1.00	52.4	4.6	18	88	0.34	0.88	5.56
71	BUILT HERITAGE	28	0.80	47.3	2.1	5	26	0.79	0.46	9.45
72	BULLETIN OF THE CHINESE ACADEMY OF SCIENCES	99								
73	CAAI ARTIFICIAL INTELLIGENCE RESEARCH	14								
74	CANCER BIOLOGY & MEDICINE	89	1.00	62.0	6.7	18	64	0.08	0.89	5.05
75	CANCER COMMUNICATIONS	46								
76	CANCER INNOVATION	48								
77	CANCER PATHOGENESIS & THERAPY	37								
78	CARBON ENERGY	124	0.95	76.0	8.9	23	94	0.22	1.00	4.40
79	CARDIOLOGY DISCOVERY	35	1.00	52.1	6.6	13	22	0.06	0.80	6.90
80	CCF TRANSACTIONS ON HIGH PERFORMANCE COMPUTING	35								
81	CCF TRANSACTIONS ON PERVASIVE COMPUTING AND INTERACTION	27								
82	CCS CHEMISTRY	275								
83	CELL REGENERATION	39								
84	CELL RESEARCH	138	0.99	34.1	8.5	14	106	0.46	0.58	7.27
85	CELLULAR & MOLECULAR IMMUNOLOGY	145	1.00	66.9	8.5	13	124	0.54	0.83	7.23
86	CHAIN	—								
87	CHEMICAL RESEARCH IN CHINESE UNIVERSITIES	148	0.95	50.8	5.6	24	84	0.01	0.95	5.49
88	CHEMPHYSMATER	40	0.95	58.8	5.9	9	27	0.28	0.90	6.14
89	CHINA CDC WEEKLY	208	0.94	13.9	8.0	20	78	0.03	0.77	3.51
90	CHINA CHEMICAL REPORTER	—								
91	CHINA CITY PLANNING REVIEW	51	0.76	26.3	2.7	14	34	0.02	0.37	8.92
92	CHINA COMMUNICATIONS	261	0.97	35.4	4.7	23	115	0.05	0.84	5.09
93	CHINA DETERGENT & COSMETICS	50	0.60	12.1	3.6	8	45	0.22	0.02	7.01
94	CHINA ELECTROTECHNICAL SOCIETY TRANSACTIONS ON ELECTRICAL MACHINES AND SYSTEMS	48	0.94	23.4	4.2	10	27	0.15	0.77	6.01
95	CHINA ENVIRONMENT YEARBOOK	—								
96	CHINA FOUNDRY	61	1.00	34.4	5.9	16	41	0.07	0.80	8.67
97	CHINA GEOLOGY	61	0.91	48.9	6.7	12	26	0.05	0.90	10.10
98	CHINA MEDICAL ABSTRACTS INTERN MEDICINE	387								
99	CHINA NONFERROUS METALS MONTHLY	199								
100	CHINA OCEAN ENGINEERING	86	0.93	37.7	4.9	15	42	0.06	0.94	8.11
101	CHINA OIL & GAS	54	0.75	5.9	2.4	6	24		0.06	2.31

序号	期刊名称	来源文献量	文献选出率	平均引文数	平均作者数	地区分布数	机构分布数	海外论文比	基金论文比	引用半衰期
102	CHINA PETROLEUM PROCESSING & PETROCHEMICAL TECHNOLOGY	63	1.00	33.1	5.7	19	40	0.02	0.87	6.72
103	CHINA POPULATION AND DEVELOPMENT STUDIES	25								
104	CHINA RARE EARTH INFORMATION	71								
105	CHINA STANDARDIZATION	178								
106	CHINA TEXTILE	201								
107	CHINA WELDING	26	0.96	29.1	5.7	12	18	0.04	0.81	7.25
108	CHINA'S REFRACTORIES	35	0.90	16.9	6.0	6	14	0.06	0.43	8.26
109	CHINESE ANNALS OF MATHEMATICS SERIES B	52	0.95	26.4	2.3	19	44	0.06	0.92	15.61
110	CHINESE CHEMICAL LETTERS	1046	0.99	53.3	7.0	30	322	0.01	0.97	4.84
111	CHINESE GEOGRAPHICAL SCIENCE	74	1.00	58.6	5.1	21	50	0.03	0.97	6.47
112	CHINESE HERBAL MEDICINES	75	0.91	44.1	6.6	22	49	0.05	0.89	6.44
113	CHINESE JOURNAL OF ACOUSTICS	30	0.83	25.0	4.6	12	18		0.87	10.43
114	CHINESE JOURNAL OF AERONAUTICS	403	0.97	45.9	5.1	20	115	0.04	0.92	7.34
115	CHINESE JOURNAL OF BIOMEDICAL ENGINEERING	24	0.92	12.8	3.2	3	8		0.08	2.53
116	CHINESE JOURNAL OF CANCER RESEARCH	56	1.00	56.9	7.9	11	34	0.11	0.75	4.62
117	CHINESE JOURNAL OF CATALYSIS	213	1.00	83.2	6.7	23	97	0.08	0.96	3.99
118	CHINESE JOURNAL OF CHEMICAL ENGINEERING	372	0.97	49.1	6.1	27	129	0.07	0.95	6.45
119	CHINESE JOURNAL OF CHEMICAL PHYSICS	88	0.92	44.8	5.2	17	40	0.05	0.99	8.89
120	CHINESE JOURNAL OF CHEMISTRY	378	0.99	67.6	6.0	25	151	0.07	0.99	5.24
121	CHINESE JOURNAL OF DENTAL RESEARCH	26								
122	CHINESE JOURNAL OF ELECTRICAL ENGINEERING	39	0.95	43.6	4.1	12	28	0.31	0.64	6.14
123	CHINESE JOURNAL OF ELECTRONICS	121	1.00	32.9	4.4	24	79	0.02	0.94	6.12
124	CHINESE JOURNAL OF INTEGRATIVE MEDICINE	126	0.97	47.6	7.6	21	89	0.08	0.92	5.97
125	CHINESE JOURNAL OF MECHANICAL ENGINEERING	152	0.97	40.2	5.2	21	77	0.02	0.96	6.35
126	CHINESE JOURNAL OF NATURAL MEDICINES	91	0.99	47.7	7.7	23	61	0.03	0.93	5.71
127	CHINESE JOURNAL OF NEONATOLOGY	183	0.90	20.5	5.0	28	113	0.01	0.55	5.15
128	CHINESE JOURNAL OF PLASTIC AND RECONSTRUCTIVE SURGERY	40	0.91	30.0	5.3	4	23	0.28	0.55	6.38
129	CHINESE JOURNAL OF POLYMER SCIENCE	198	0.94	52.3	5.9	20	80	0.03	0.96	6.57
130	CHINESE JOURNAL OF POPULATION RESOURCES AND ENVIRONMENT	29	0.97	51.0	4.1	9	22	0.14	0.72	5.39
131	CHINESE JOURNAL OF STRUCTURAL CHEMISTRY	118	1.00	46.4	5.6	23	72	0.01	0.92	4.42
132	CHINESE JOURNAL OF TRAUMATOLOGY	48	0.92	29.1	5.5	9	39	0.58	0.46	8.63
133	CHINESE JOURNAL OF URBAN AND ENVIRONMENTAL STUDIES	105								
134	CHINESE MEDICAL JOURNAL	493	0.99	28.9	8.7	26	232	0.01	0.81	5.65

序号	期刊名称	来源文献量	文献选出率	平均引文数	平均作者数	地区分布数	机构分布数	海外论文比	基金论文比	引用半衰期
135	CHINESE MEDICAL JOURNAL PULMONARY AND CRITICAL CARE MEDICINE	28								
136	CHINESE MEDICAL SCIENCES JOURNAL	38	0.97	41.1	5.8	11	29	0.11	0.58	6.34
137	CHINESE MEDICINE AND CULTURE	39	0.89	36.8	1.8	10	29	0.33	0.67	22.52
138	CHINESE MEDICINE AND NATURAL PRODUCTS	25	0.83	32.9	5.1	7	16	0.16	0.80	5.80
139	CHINESE NEUROSURGICAL JOURNAL	37	1.00	30.2	7.0	12	32	0.30	0.62	8.14
140	CHINESE NURSING FRONTIERS	49	0.94	34.4	3.5	11	44	0.59	0.37	6.65
141	CHINESE NURSING RESEARCH	50								
142	CHINESE OPTICS LETTERS	237	1.00	34.5	6.9	19	98	0.04	0.95	6.67
143	CHINESE PHYSICS B	1048	1.00	42.6	5.8	29	331	0.03	0.95	7.97
144	CHINESE PHYSICS C	259	1.00	61.3	24.9	25	152	0.24	0.92	10.44
145	CHINESE PHYSICS LETTERS	236	0.95	45.1	6.3	22	89	0.04	0.93	7.29
146	CHINESE QUARTERLY JOURNAL OF MATHEMATICS	31	0.89	25.8	1.8	14	27	0.06	0.71	16.74
147	CHINESE RAILWAYS	15	1.00	11.6	3.6	5	10		0.47	3.70
148	CHIP	32								
149	CHRONIC DISEASES AND TRANSLATIONAL MEDICINE	40	1.00	47.6	5.4	6	34	0.53	0.58	6.94
150	CLEAN ENERGY	258								
151	CLINICAL TRADITIONAL MEDICINE AND PHARMACOLOGY	32								
152	COLLAGEN AND LEATHER	41	1.00	66.1	6.2	7	18	0.17	0.90	5.47
153	COMMUNICATIONS IN MATHEMATICAL RESEARCH	26	1.00	31.3	2.2	10	20	0.19	0.77	19.38
154	COMMUNICATIONS IN MATHEMATICS AND STATISTICS	75								
155	COMMUNICATIONS IN THEORETICAL PHYSICS	203	1.00	49.8	3.3	26	136	0.29	0.77	9.38
156	COMMUNICATIONS IN TRANSPORTATION RESEARCH	18								
157	COMMUNICATIONS ON APPLIED MATHEMATICS AND COMPUTATION	148								
158	COMMUNICATIONS ON PURE AND APPLIED ANALYSIS	767								
159	COMPLEX SYSTEM MODELING AND SIMULATION	72								
160	COMPUTATIONAL VISUAL MEDIA	50	1.00	63.6	4.6	11	33	0.22	0.82	6.22
161	CONTROL THEORY AND TECHNOLOGY	49	0.98	29.7	3.4	12	39	0.27	0.80	6.32
162	CORROSION COMMUNICATIONS	31	0.89	50.4	5.5	13	24	0.13	0.87	8.52
163	CROP JOURNAL	192	0.97	63.5	9.7	21	74	0.07	0.98	8.46
164	CSEE JOURNAL OF POWER AND ENERGY SYSTEMS	210	0.98	38.5	5.2	23	90	0.19	0.85	5.99
165	CIVIL ENGINEERING SCIENCES									
166	CURRENT MEDICAL SCIENCE	137	1.00	39.9	7.3	19	77	0.01	0.87	6.58
167	CURRENT UROLOGY	52	0.95	26.6	6.2	4	47	0.90	0.23	7.63
168	CURRENT ZOOLOGY	48								
169	CYBERSECURITY	57								

序号	期刊名称	来源文献量	文献选出率	平均引文数	平均作者数	地区分布数	机构分布数	海外论文比	基金论文比	引用半衰期
170	CYBORG AND BIONIC SYSTEMS	36	1.00	51.3	5.7	9	28	0.19	0.94	7.34
171	DATA INTELLIGENCE	49								
172	DATA SCIENCE AND ENGINEERING	34								
173	DATA SCIENCE AND MANAGEMENT	64								
174	DEEP UNDERGROUND SCIENCE AND ENGINEERING	27	0.82	45.6	4.2	8	19	0.26	0.70	8.48
175	DEFENCE TECHNOLOGY	230	0.99	45.8	5.0	19	109	0.26	0.73	7.36
176	DIGITAL CHINESE MEDICINE	40	0.93	42.4	6.0	10	26	0.18	0.85	4.77
177	DIGITAL COMMUNICATIONS AND NETWORKS	139								
178	DIGITAL TWIN	—								
179	EARTH AND PLANETARY PHYSICS	63	0.98	44.4	6.0	11	30	0.16	0.94	10.89
180	EARTHQUAKE ENGINEERING AND ENGINEERING VIBRATION	67	0.93	42.2	4.1	18	55	0.51	0.67	9.46
181	EARTHQUAKE RESEARCH ADVANCES	33	0.89	48.5	5.8	7	14	0.09	0.97	10.65
182	EARTHQUAKE SCIENCE	31	1.00	46.3	4.6	5	11	0.03	0.90	9.82
183	ECOLOGICAL ECONOMY	30								
184	ECOLOGICAL FRONTIERS	78								
185	ECOLOGICAL PROCESSES	62	1.00	76.2	6.0	13	55	0.48	0.89	8.49
186	ECOSYSTEM HEALTH AND SUSTAINABILITY	54								
187	ELECTROCHEMICAL ENERGY REVIEWS	32								
188	ELECTROMAGNETIC SCIENCE	—								
189	ELIGHT	52	1.00	40.7	4.5	11	44	0.52	0.50	5.53
190	EMERGENCY AND CRITICAL CARE MEDICINE	35	1.00	32.1	5.8	8	28	0.54	0.37	6.60
191	EMERGING CONTAMINANTS	146								
192	ENERGY & ENVIRONMENTAL MATERIALS	240	1.00	73.7	8.1	26	144	0.20	0.99	4.84
193	ENERGY GEOSCIENCE	168								
194	ENERGY MATERIAL ADVANCES	36	0.86	70.8	6.1	13	26	0.11	1.00	4.65
195	ENERGY STORAGE AND SAVING	54								
196	ENGINEERING	293	0.99	54.6	6.2	22	157	0.15	0.77	5.93
197	ENGINEERING MICROBIOLOGY	43								
198	ENTOMOTAXONOMIA	42	0.93	13.6	3.3	12	23	0.02	0.90	25.25
199	ENVIRONMENT & HEALTH	34								
200	ENVIRONMENTAL SCIENCE AND ECOTECHNOLOGY	80								
201	ESCIENCE	58	0.89	81.5	7.2	15	43	0.16	0.98	3.88
202	EXPERIMENTAL AND COMPUTATIONAL MULTIPHASE FLOW	30								
203	EYE AND VISION	24	0.83	49.7	6.2	4	20	0.67	0.50	8.80
204	FOOD QUALITY AND SAFETY	56	1.00	50.2	6.4	16	34	0.11	0.95	6.13
205	FOOD SCIENCE AND HUMAN WELLNESS	237	0.97	57.8	6.8	25	118	0.10	0.93	7.50
206	FOREST ECOSYSTEMS	72	0.92	75.6	6.7	18	62	0.42	0.92	8.29
207	FRICTION	146	1.00	58.2	5.7	23	94	0.29	0.92	7.86
208	FRIGID ZONE MEDICINE	32	1.00	48.6	4.8	10	19	0.09	0.63	4.42

序号	期刊名称	来源 文献量	文献 选出率	平均 引文数	平均 作者数	地区 分布数	机构 分布数	海外 论文比	基金 论文比	引用 半衰期
209	FRONTIERS IN ENERGY	59	0.98	66.8	4.8	16	42	0.20	0.78	5.32
210	FRONTIERS OF AGRICULTURAL SCIENCE AND ENGINEERING	54	0.96	49.3	5.9	11	35	0.30	0.74	5.73
211	FRONTIERS OF ARCHITECTURAL RESEARCH	76	0.93	61.6	2.8	10	62	0.67	0.59	9.68
212	FRONTIERS OF CHEMICAL SCIENCE AND ENGINEERING	170	1.00	56.4	6.5	26	100	0.09	0.95	4.92
213	FRONTIERS OF COMPUTER SCIENCE	133	0.99	35.3	4.7	22	77	0.06	0.94	6.56
214	FRONTIERS OF DIGITAL EDUCATION	—								
215	FRONTIERS OF EARTH SCIENCE	81	0.99	53.2	6.0	18	50	0.05	0.95	8.66
216	FRONTIERS OF ENGINEERING MANAGEMENT	54	0.98	63.5	4.0	15	45	0.15	0.83	6.03
217	FRONTIERS OF ENVIRONMENTAL SCIENCE & ENGINEERING	153	0.99	59.2	6.5	23	93	0.13	0.91	5.54
218	FRONTIERS OF INFORMATION TECHNOLOGY & ELECTRONIC ENGINEERING	128	0.90	41.9	5.1	20	76	0.10	0.88	5.10
219	FRONTIERS OF MATERIALS SCIENCE	44	0.98	72.8	6.4	17	37	0.07	0.98	4.76
220	FRONTIERS OF MATHEMATICS IN CHINA	31	1.00	30.5	1.9	18	26		0.32	17.74
221	FRONTIERS OF MECHANICAL ENGINEERING	54	1.00	70.5	6.0	14	30	0.06	0.98	5.40
222	FRONTIERS OF MEDICINE	82	0.99	80.3	10.3	16	56	0.07	0.85	4.98
223	FRONTIERS OF OPTOELECTRONICS	48	1.00	53.9	7.5	14	33	0.19	0.98	5.45
224	FRONTIERS OF PHYSICS	115	1.00	97.8	5.9	23	74	0.06	0.98	6.21
225	FRONTIERS OF STRUCTURAL AND CIVIL ENGINEERING	121	1.00	47.8	4.4	18	78	0.31	0.86	6.78
226	FUNDAMENTAL RESEARCH	122	1.00	63.4	6.1	16	81	0.07	0.93	6.64
227	FUNGAL DIVERSITY	77								
228	GASTROENTEROLOGY REPORT	95								
229	GENERAL PSYCHIATRY	71	0.99	35.0	7.7	10	56	0.32	0.73	5.39
230	GENES & DISEASES	298	0.99	55.9	7.7	24	211	0.28	0.91	7.02
231	GENOMICS PROTEOMICS & BIOINFORMATICS	96	0.95	68.7	12.3	18	70	0.16	0.92	6.53
232	GEODESY AND GEODYNAMICS	60	0.98	37.2	4.6	12	40	0.35	0.82	9.32
233	GEOGRAPHY AND SUSTAINABILITY	40	0.95	71.8	4.4	8	33	0.50	0.75	5.93
234	GEOHAZARD MECHANICS	36								
235	GEOSCIENCE FRONTIERS	138	0.94	93.2	5.9	20	98	0.46	0.90	9.92
236	GEO–SPATIAL INFORMATION SCIENCE	48	0.89	53.0	4.3	5	26	0.50	0.69	5.89
237	GLOBAL ENERGY INTERCONNECTION	62	0.91	32.6	4.8	20	45	0.06	0.90	4.12
238	GLOBAL GEOLOGY	24	0.83	35.4	4.7	7	10	0.04	0.75	12.36
239	GLOBAL HEALTH JOURNAL	33	0.94	43.6	4.9	4	28	0.82	0.36	5.59
240	GRAIN & OIL SCIENCE AND TECHNOLOGY	20	1.00	78.6	5.8	8	15	0.35	0.70	7.65
241	GRASSLAND RESEARCH	28								
242	GREEN AND SMART MINING ENGINEERING	—								
243	GREEN CARBON	24								
244	GREEN CHEMICAL ENGINEERING	47	1.00	63.9	6.4	14	31	0.06	0.96	5.63

序号	期刊名称	来源文献量	文献选出率	平均引文数	平均作者数	地区分布数	机构分布数	海外论文比	基金论文比	引用半衰期
245	GREEN ENERGY & ENVIRONMENT	134	0.96	77.4	6.6	24	84	0.07	0.96	5.06
246	GREEN ENERGY AND INTELLIGENT TRANSPORTATION	39								
247	GUIDANCE, NAVIGATION AND CONTROL	74								
248	GUIDELINE AND STANDARD IN CHINESE MEDICINE	10								
249	GYNECOLOGY AND OBSTETRICS CLINICAL MEDICINE	44	1.00	34.0	4.5	5	31	0.52	0.52	6.24
250	HEALTH DATA SCIENCE	67	1.00	16.0	5.8	10	34	0.12	0.46	4.56
251	HEPATOBILIARY & PANCREATIC DISEASES INTERNATIONAL	109	0.93	36.9	5.9	20	93	0.31	0.66	7.03
252	HIGH POWER LASER SCIENCE AND ENGINEERING	90	1.00	47.5	9.9	12	51	0.38	0.89	7.93
253	HIGH TECHNOLOGY LETTERS	47	1.00	22.8	4.4	15	29		1.00	4.97
254	HIGH VOLTAGE	121	1.00	38.3	6.1	21	54	0.06	0.96	6.22
255	HIGH–SPEED RAILWAY	34								
256	HOLISTIC INTEGRATIVE ONCOLOGY	—								
257	HORTICULTURAL PLANT JOURNAL	94	1.00	67.1	8.0	19	48	0.05	1.00	9.36
258	HORTICULTURE RESEARCH	305	1.00	67.4	9.6	27	130	0.17	0.99	7.61
259	IEEE–CAA JOURNAL OF AUTOMATICA SINICA	231	0.96	44.1	4.2	25	125	0.15	0.84	4.69
260	IET CYBER–SYSTEMS AND ROBOTICS	32								
261	ILIVER	30	1.00	48.3	5.5	10	30	0.43	0.50	6.46
262	INFECTION CONTROL	—								
263	INFECTION INTERNATIONAL	—								
264	INFECTIOUS DISEASE MODELLING	324								
265	INFECTIOUS DISEASES & IMMUNITY	31	1.00	30.3	9.3	8	22	0.16	0.65	3.04
266	INFECTIOUS DISEASES OF POVERTY	74	0.95	36.0	10.1	9	61	0.47	0.58	5.88
267	INFECTIOUS MEDICINE	42	1.00	49.0	6.8	9	39	0.69	0.45	5.83
268	INFECTIOUS MICROBES & DISEASE	26	1.00	46.3	6.7	7	20	0.31	0.54	4.65
269	INFOMAT	81								
270	INFORMATION PROCESSING IN AGRICULTURE	187								
271	INNOVATION AND DEVELOPMENT POLICY	8								
272	INSECT SCIENCE	134	1.00	56.4	6.8	20	75	0.23	0.99	10.08
273	INSTRUMENTATION	25	1.00	24.6	3.9	14	16		0.28	6.33
274	INTEGRATIVE ZOOLOGY	263								
275	INTELLIGENT MEDICINE	29	0.94	52.0	6.5	8	25	0.31	0.86	4.09
276	INTERDISCIPLINARY MATERIALS	69								
277	INTERDISCIPLINARY SCIENCES–COMPUTATIONAL LIFE SCIENCES	48								
278	INTERNATIONAL JOURNAL OF FLUID ENGINEERING	—								
279	INTERNATIONAL JOURNAL OF COAL SCIENCE & TECHNOLOGY	89	0.93	52.9	5.3	16	57	0.28	0.96	6.42
280	INTERNATIONAL JOURNAL OF DERMATOLOGY AND VENEREOLOGY	48	0.96	22.5	5.0	11	39	0.40	0.58	6.21

序号	期刊名称	来源文献量	文献选出率	平均引文数	平均作者数	地区分布数	机构分布数	海外论文比	基金论文比	引用半衰期
281	INTERNATIONAL JOURNAL OF DIGITAL EARTH	522								
282	INTERNATIONAL JOURNAL OF DISASTER RISK SCIENCE	73	0.92	57.3	4.7	11	57	0.38	0.89	6.69
283	INTERNATIONAL JOURNAL OF EXTREME MANUFACTURING	80	1.00	130.3	7.3	15	49	0.25	0.91	5.47
284	INTERNATIONAL JOURNAL OF INNOVATION STUDIES	23	1.00	87.7	3.0	1	23	0.96	0.39	7.79
285	INTERNATIONAL JOURNAL OF MINERALS METALLURGY AND MATERIALS	218	1.00	55.8	6.4	23	100	0.08	0.94	4.90
286	INTERNATIONAL JOURNAL OF MINING SCIENCE AND TECHNOLOGY	113	1.00	44.9	6.0	19	54	0.14	0.94	6.97
287	INTERNATIONAL JOURNAL OF NURSING SCIENCES	78	0.94	42.3	4.9	13	64	0.50	0.67	5.49
288	INTERNATIONAL JOURNAL OF ORAL SCIENCE	56	0.98	95.8	8.9	11	39	0.29	0.96	7.16
289	INTERNATIONAL JOURNAL OF PLANT ENGINEERING AND MANAGEMENT	19	0.90	12.0	2.1	8	14	0.05	0.16	9.64
290	INTERNATIONAL JOURNAL OF SEDIMENT RESEARCH	71	0.92	61.8	4.5	9	60	0.62	0.79	10.75
291	INTERNATIONAL JOURNAL OF TRANSPORTATION SCIENCE AND TECHNOLOGY	74								
292	INTERNATIONAL SOIL AND WATER CONSERVATION RESEARCH	62	0.94	64.7	5.8	9	51	0.48	0.90	9.82
293	JOURNAL OF ACUPUNCTURE AND TUINA SCIENCE	63	0.90	30.0	7.2	16	41	0.02	0.94	6.25
294	JOURNAL OF ADVANCED CERAMICS	164								
295	JOURNAL OF ADVANCED DIELECTRICS	198								
296	JOURNAL OF ANALYSIS AND TESTING	44								
297	JOURNAL OF ANIMAL SCIENCE AND BIOTECHNOLOGY	171	1.00	72.3	7.9	15	75	0.33	0.99	7.69
298	JOURNAL OF ARID LAND	90	1.00	64.1	5.2	17	62	0.29	0.84	6.53
299	JOURNAL OF AUTOMATION AND INTELLIGENCE	—								
300	JOURNAL OF BEIJING INSTITUTE OF TECHNOLOGY	59	0.95	33.5	4.9	15	39		0.88	5.79
301	JOURNAL OF BIONIC ENGINEERING	177	1.00	56.8	5.1	22	109	0.28	0.80	5.41
302	JOURNAL OF BIORESOURCES AND BIOPRODUCTS	34	1.00	65.0	5.6	5	32	0.74	0.82	4.39
303	JOURNAL OF BIOSAFETY AND BIOSECURITY	85								
304	JOURNAL OF BIO-X RESEARCH	10	1.00	83.8	4.0	4	10	0.60	0.10	5.04
305	JOURNAL OF CARDIO-ONCOLOGY	—								
306	JOURNAL OF CENTRAL SOUTH UNIVERSITY	290	1.00	43.1	5.3	21	112	0.15	0.88	5.42
307	JOURNAL OF CENTRAL SOUTH UNIVERSITY (SCIENCE AND TECHNOLOGY)	433	0.98	29.0	5.3	25	94		1.00	6.45

序号	期刊名称	来源文献量	文献选出率	平均引文数	平均作者数	地区分布数	机构分布数	海外论文比	基金论文比	引用半衰期
308	JOURNAL OF CEREBROVASCULAR DISEASE	—								
309	JOURNAL OF CHINESE PHARMACEUTICAL SCIENCES	83	0.69	32.4	5.2	25	64	0.01	0.72	6.12
310	JOURNAL OF COMMUNICATIONS AND INFORMATION NETWORKS	35	1.00	29.5	4.7	12	29	0.26	0.86	4.85
311	JOURNAL OF COMPUTATIONAL MATHEMATICS	59	0.97	35.2	2.8	21	54	0.24	0.95	13.10
312	JOURNAL OF COMPUTER SCIENCE AND TECHNOLOGY	91	0.98	44.2	4.6	14	51	0.11	0.91	6.34
313	JOURNAL OF CONTROL AND DECISION	167								
314	JOURNAL OF COTTON RESEARCH	24	1.00	56.5	6.8	4	18	0.58	0.71	8.53
315	JOURNAL OF DATA AND INFORMATION SCIENCE	25	0.93	41.2	3.0	7	22	0.56	0.60	7.56
316	JOURNAL OF DONGHUA UNIVERSITY(ENGLISH EDITION)	82	1.00	26.6	4.3	12	20	0.01	0.80	5.89
317	JOURNAL OF EARTH SCIENCE	160	1.00	60.1	5.5	23	89	0.12	0.93	11.12
318	JOURNAL OF ELECTRONIC SCIENCE AND TECHNOLOGY	29	1.00	32.7	4.9	7	14	0.21	0.76	7.80
319	JOURNAL OF ENERGY CHEMISTRY	649	1.00	75.9	7.9	29	276	0.21	0.97	4.03
320	JOURNAL OF ENVIRONMENTAL ACCOUNTING AND MANAGEMENT	116								
321	JOURNAL OF ENVIRONMENTAL SCIENCES	378	1.00	61.6	7.0	23	183	0.11	0.97	6.85
322	JOURNAL OF FORESTRY RESEARCH	164	1.00	60.9	5.6	22	110	0.43	0.95	9.05
323	JOURNAL OF GENETICS AND GENOMICS	117	1.00	54.9	9.6	20	83	0.07	0.97	6.50
324	JOURNAL OF GEODESY AND GEOINFORMATION SCIENCE	39	1.00	36.6	5.5	13	25	0.03	0.82	4.47
325	JOURNAL OF GEOGRAPHICAL SCIENCES	122	0.91	62.9	5.0	22	57	0.03	1.00	6.59
326	JOURNAL OF GERIATRIC CARDIOLOGY	102	1.00	31.8	7.8	16	67	0.34	0.53	6.09
327	JOURNAL OF HARBIN INSTITUTE OF TECHNOLOGY	46	0.96	34.3	3.6	13	40	0.28	0.59	8.82
328	JOURNAL OF HYDRODYNAMICS	89	0.97	36.1	4.7	15	48	0.09	0.98	6.30
329	JOURNAL OF INFORMATION AND INTELLIGENCE	33								
330	JOURNAL OF INNOVATIVE OPTICAL HEALTH SCIENCES	87								
331	JOURNAL OF INTEGRATIVE AGRICULTURE	295	0.99	52.2	7.9	27	109	0.05	0.97	8.27
332	JOURNAL OF INTEGRATIVE MEDICINE–JIM	61	1.00	64.0	6.2	11	50	0.46	0.75	6.60
333	JOURNAL OF INTEGRATIVE PLANT BIOLOGY	177	0.99	71.1	9.6	20	83	0.07	0.95	8.57
334	JOURNAL OF INTENSIVE MEDICINE	48	1.00	69.4	6.0	12	46	0.52	0.54	7.24
335	JOURNAL OF INTERVENTIONAL MEDICINE	152								
336	JOURNAL OF IRON AND STEEL RESEARCH INTERNATIONAL	224	0.99	39.3	6.0	23	64	0.01	0.93	7.63
337	JOURNAL OF LEATHER SCIENCE AND ENGINEERING	91								

序号	期刊名称	来源文献量	文献选出率	平均引文数	平均作者数	地区分布数	机构分布数	海外论文比	基金论文比	引用半衰期
338	JOURNAL OF MAGNESIUM AND ALLOYS	302	1.00	79.1	6.3	22	161	0.40	0.90	6.80
339	JOURNAL OF MANAGEMENT ANALYTICS	111								
340	JOURNAL OF MANAGEMENT SCIENCE AND ENGINEERING	116								
341	JOURNAL OF MARINE SCIENCE AND APPLICATION	68	1.00	47.9	3.8	11	44	0.50	0.62	6.28
342	JOURNAL OF MATERIALS SCIENCE & TECHNOLOGY	809	0.96	68.3	7.7	29	279	0.12	0.97	5.37
343	JOURNAL OF MATERIOMICS	120	1.00	66.2	7.2	19	79	0.14	0.98	5.22
344	JOURNAL OF MATHEMATICAL RESEARCH WITH APPLICATIONS	65	0.92	18.0	2.3	20	46	0.15	0.83	13.32
345	JOURNAL OF MATHEMATICAL STUDY	21	1.00	25.7	1.8	9	20	0.24	0.81	16.05
346	JOURNAL OF MEASUREMENT SCIENCE AND INSTRUMENTATION	54	0.98	21.3	4.0	9	11		0.91	6.23
347	JOURNAL OF METEOROLOGICAL RESEARCH	60	1.00	54.8	5.4	12	27	0.07	0.95	9.45
348	JOURNAL OF MODERN POWER SYSTEMS AND CLEAN ENERGY	176								
349	JOURNAL OF MOLECULAR CELL BIOLOGY	78	1.00	47.9	8.8	17	64	0.23	0.91	7.16
350	JOURNAL OF MOLECULAR SCIENCE	59	1.00	34.7	4.4	17	41		1.00	5.99
351	JOURNAL OF MOUNTAIN SCIENCE	240	0.94	58.2	5.4	27	155	0.28	0.91	8.00
352	JOURNAL OF NEURORESTORATOLOGY	25								
353	JOURNAL OF NORTHEAST AGRICULTURAL UNIVERSITY	34	0.89	32.0	6.3	5	5		0.97	8.28
354	JOURNAL OF NUTRITIONAL ONCOLOGY	27	0.96	56.9	7.1	16	22		0.81	5.70
355	JOURNAL OF OCEAN ENGINEERING AND SCIENCE	52	0.87	52.5	3.5	7	37	0.62	0.52	6.11
356	JOURNAL OF OCEAN UNIVERSITY OF CHINA	158	0.99	41.8	5.8	17	57	0.01	0.99	10.15
357	JOURNAL OF OCEANOLOGY AND LIMNOLOGY	182	0.99	52.8	5.9	21	81	0.05	0.99	10.90
358	JOURNAL OF OTOLOGY	37	0.93	31.2	4.8	3	34	0.89	0.32	9.95
359	JOURNAL OF PALAEOGEOGRAPHY-ENGLISH	33	0.87	96.0	5.2	12	29	0.39	0.88	15.66
360	JOURNAL OF PANCREATOLOGY	32	1.00	62.3	9.3	7	19	0.13	0.53	6.78
361	JOURNAL OF PARTIAL DIFFERENTIAL EQUATIONS	26	0.90	23.3	2.2	12	24	0.27	0.62	16.36
362	JOURNAL OF PHARMACEUTICAL ANALYSIS	121	1.00	76.9	8.1	21	87	0.22	0.89	5.41
363	JOURNAL OF PLANT ECOLOGY	91	1.00	62.9	6.0	20	67	0.21	0.95	9.66
364	JOURNAL OF RARE EARTHS	236	1.00	48.8	6.7	28	160	0.24	0.92	6.44
365	JOURNAL OF REMOTE SENSING	31								
366	JOURNAL OF RESOURCES AND ECOLOGY	125	0.95	37.2	4.1	21	76	0.10	0.89	7.73
367	JOURNAL OF ROAD ENGINEERING	25	0.86	122.6	6.5	8	14	0.32	0.92	5.68
368	JOURNAL OF ROCK MECHANICS AND GEOTECHNICAL ENGINEERING	229	0.99	59.2	4.6	21	140	0.41	0.88	8.48
369	JOURNAL OF SAFETY AND RESILIENCE	39	1.00	52.4	4.2	6	27	0.33	0.82	6.50

序号	期刊名称	来源文献量	文献选出率	平均引文数	平均作者数	地区分布数	机构分布数	海外论文比	基金论文比	引用半衰期
370	JOURNAL OF SCIENCE IN SPORT AND EXERCISE	42								
371	JOURNAL OF SEMICONDUCTORS	151	0.96	47.9	6.1	19	76	0.14	0.85	5.13
372	JOURNAL OF SHANGHAI JIAOTONG UNIVERSITY (SCIENCE)	87	1.00	27.8	4.2	17	49	0.03	0.89	7.00
373	JOURNAL OF SOCIAL COMPUTING	78								
374	JOURNAL OF SOUTHEAST UNIVERSITY (ENGLISH EDITION)	48	0.92	25.3	4.0	11	20	0.02	0.90	6.23
375	JOURNAL OF SPORT AND HEALTH SCIENCE	79	0.87	62.4	6.4	6	72	0.85	0.65	7.44
376	JOURNAL OF SYSTEMATICS AND EVOLUTION	80	0.99	79.0	7.2	20	59	0.31	0.93	10.94
377	JOURNAL OF SYSTEMS ENGINEERING AND ELECTRONICS	133	0.94	36.8	4.2	17	53	0.02	0.83	6.57
378	JOURNAL OF SYSTEMS SCIENCE & COMPLEXITY	133	1.00	34.9	3.3	26	94	0.06	0.95	9.41
379	JOURNAL OF SYSTEMS SCIENCE AND INFORMATION	42	1.00	38.6	3.1	14	27	0.07	0.69	6.75
380	JOURNAL OF SYSTEMS SCIENCE AND SYSTEMS ENGINEERING	33	0.87	46.8	3.2	11	31	0.33	0.76	8.14
381	JOURNAL OF THE CHINESE NATION STUDIES	—								
382	JOURNAL OF THE NATIONAL CANCER CENTER	88								
383	JOURNAL OF THE OPERATIONS RESEARCH SOCIETY OF CHINA	49	1.00	30.1	2.7	18	43	0.18	0.82	11.80
384	JOURNAL OF THERMAL SCIENCE	168								
385	JOURNAL OF TRADITIONAL CHINESE MEDICAL SCIENCES	55	0.93	44.3	7.3	4	15	0.15	0.89	5.90
386	JOURNAL OF TRADITIONAL CHINESE MEDICINE	152	0.98	38.5	7.4	22	97	0.05	0.88	6.64
387	JOURNAL OF TRAFFIC AND TRANSPORTATION ENGINEERING ENGLISH EDITION	64	0.91	90.4	4.5	12	40	0.34	0.84	7.23
388	JOURNAL OF TRANSLATIONAL NEUROSCIENCE	20								
389	JOURNAL OF TROPICAL METEOROLOGY	36	1.00	50.9	5.9	11	20		1.00	9.22
390	JOURNAL OF WUHAN UNIVERSITY OF TECHNOLOGY–MATERIALS SCIENCE EDITION	185	0.97	30.5	5.4	23	104	0.08	0.89	8.17
391	JOURNAL OF ZHEJIANG UNIVERSITY–SCIENCE A	81	0.88	50.1	5.2	15	41	0.09	0.96	6.26
392	JOURNAL OF ZHEJIANG UNIVERSITY–SCIENCE B	99	0.88	54.4	7.6	21	65	0.06	0.89	5.43
393	LANDSCAPE ARCHITECTURE FRONTIERS	47	0.87	30.7	3.2	7	34	0.49	0.19	7.77
394	LANGUAGE & SEMIOTIC STUDIES	27								
395	LAPAROSCOPIC, ENDOSCOPIC AND ROBOTIC SURGERY	28	0.88	28.4	5.1	3	18	0.46	0.36	8.15
396	LIFE METABOLISM	71								
397	LIGHT–SCIENCE & APPLICATIONS	295	1.00	46.8	6.9	19	164	0.51	0.74	5.94

序号	期刊名称	来源文献量	文献选出率	平均引文数	平均作者数	地区分布数	机构分布数	海外论文比	基金论文比	引用半衰期
398	LIVER RESEARCH	40	0.93	89.0	5.1	6	29	0.58	0.78	6.70
399	LOW-CARBON MATERIALS AND GREEN CONSTRUCTION	30								
400	MACHINE INTELLIGENCE RESEARCH	58	1.00	82.1	5.2	11	39	0.19	0.84	4.88
401	MAGNETIC RESONANCE LETTERS	31	0.91	52.8	4.4	8	26	0.39	0.87	12.19
402	MALIGNANCY SPECTRUM	—								
403	MARINE LIFE SCIENCE & TECHNOLOGY	55								
404	MARINE SCIENCE BULLETIN	14	0.93	17.7	5.2	2	4		0.29	11.47
405	MATERIALS GENOME ENGINEERING ADVANCES	22								
406	MATERNAL-FETAL MEDICINE	47	1.00	34.3	6.3	9	39	0.40	0.34	6.13
407	MATTER AND RADIATION AT EXTREMES	54	1.00	47.4	7.3	12	37	0.39	0.93	8.82
408	MEDICAL REVIEW	44	0.98	80.9	3.7	10	37	0.20	0.84	4.89
409	MEDICINE PLUS	—								
410	MED-X	13								
411	MICROSYSTEMS & NANOENGINEERING	158								
412	MILITARY MEDICAL RESEARCH	67	0.97	79.5	8.8	14	54	0.34	0.73	5.39
413	MLIFE	43	1.00	56.7	7.7	10	32	0.26	0.93	8.02
414	MOLECULAR PLANT	182	1.00	61.0	8.0	21	117	0.39	0.88	7.22
415	MYCOLOGY	35								
416	MYCOSPHERE	31								
417	NANO BIOMEDICINE AND ENGINEERING	160								
418	NANO MATERIALS SCIENCE	36	0.90	86.7	7.3	13	29	0.11	0.92	4.98
419	NANO RESEARCH	1321	1.00	65.0	8.1	28	374	0.08	0.99	4.62
420	NANO RESEARCH ENERGY	46								
421	NANOMANUFACTURING AND METROLOGY	35								
422	NANO-MICRO LETTERS	239	1.00	98.1	8.5	23	128	0.17	0.99	3.77
423	NANOTECHNOLOGY AND PRECISION ENGINEERING	32	0.94	46.1	5.3	11	22	0.16	0.88	6.38
424	NATIONAL SCIENCE OPEN	52	0.90	84.5	6.7	14	36	0.10	0.88	5.31
425	NATIONAL SCIENCE REVIEW	353	0.96	43.5	7.5	23	194	0.19	0.78	5.82
426	NATURAL PRODUCTS AND BIOPROSPECTING	51								
427	NEURAL REGENERATION RESEARCH	514	1.00	54.9	5.4	25	389	0.58	0.77	6.45
428	NEUROPROTECTION	16								
429	NEUROSCIENCE BULLETIN	171	0.99	65.3	6.5	18	103	0.08	0.94	7.66
430	NPJ COMPUTATIONAL MATERIALS	863								
431	NPJ FLEXIBLE ELECTRONICS	52								
432	NUCLEAR SCIENCE AND TECHNIQUES	202	0.99	44.9	7.9	20	78	0.09	0.83	7.50
433	NUMERICAL MATHEMATICS-THEORY METHODS AND APPLICATIONS	45								
434	OIL CROP SCIENCE	32	0.97	50.2	7.3	6	19	0.28	0.91	8.47
435	ONCOLOGY AND TRANSLATIONAL MEDICINE	36	1.00	44.9	4.2	12	28	0.11	0.64	5.36
436	OPTO-ELECTRONIC ADVANCES	65	0.98	47.0	6.5	15	51	0.29	0.80	5.41

序号	期刊名称	来源文献量	文献选出率	平均引文数	平均作者数	地区分布数	机构分布数	海外论文比	基金论文比	引用半衰期
437	OPTO-ELECTRONIC SCIENCE	26	1.00	74.2	8.0	10	24	0.27	0.96	5.33
438	OPTOELECTRONICS LETTERS	127	0.91	21.1	4.4	24	71	0.12	0.89	4.73
439	PAPER AND BIOMATERIALS	28	1.00	38.0	4.8	12	18		0.64	6.59
440	PARTICUOLOGY	184	1.00	51.4	5.5	24	125	0.21	0.90	7.26
441	PEDIATRIC INVESTIGATION	45	1.00	33.0	6.1	3	28	0.42	0.33	5.68
442	PEDOSPHERE	84	0.89	85.8	6.4	14	71	0.55	0.74	9.14
443	PEKING MATHEMATICAL JOURNAL	12								
444	PETROLEUM	57	1.00	47.5	4.8	9	38	0.49	0.60	9.36
445	PETROLEUM RESEARCH	52	0.93	48.4	4.2	5	44	0.85	0.48	8.27
446	PETROLEUM SCIENCE	285								
447	PHENOMICS	—								
448	PHOTONIC SENSORS	32	1.00	41.0	6.1	13	26	0.19	0.78	6.98
449	PHOTONICS RESEARCH	238	1.00	49.8	7.5	21	130	0.24	0.97	5.80
450	PHYTOPATHOLOGY RESEARCH	139								
451	PLANT COMMUNICATIONS	121								
452	PLANT DIVERSITY	72	0.92	66.6	5.5	16	46	0.22	0.89	11.03
453	PLANT PHENOMICS	67	1.00	53.0	7.2	15	48	0.42	1.00	5.17
454	PLASMA SCIENCE & TECHNOLOGY	201	0.95	37.7	7.4	23	102	0.11	0.93	9.12
455	PORTAL HYPERTENSION & CIRRHOSIS	29								
456	PRECISION CHEMISTRY	65								
457	PRECISION CLINICAL MEDICINE	25								
458	PROBABILITY, UNCERTAINTY AND QUANTITATIVE RISK	24	1.00	29.3	2.5	5	20	0.54	0.54	17.35
459	PROGRESS IN NATURAL SCIENCE-MATERIALS INTERNATIONAL	100	0.97	61.5	7.1	22	69	0.01	0.98	4.89
460	PROPULSION AND POWER RESEARCH	136								
461	PROTEIN & CELL	92	1.00	59.5	10.7	12	61	0.10	0.88	7.32
462	QUANTITATIVE BIOLOGY	38	0.97	64.9	4.5	9	33	0.42	0.76	6.97
463	QUANTUM FRONTIERS	—								
464	RADIATION DETECTION TECHNOLOGY AND METHODS	65	0.94	25.6	10.0	8	24	0.15	0.75	8.84
465	RADIATION MEDICINE AND PROTECTION	36	0.90	41.4	7.5	11	32	0.14	0.81	6.22
466	RADIOLOGY OF INFECTIOUS DISEASES	24								
467	RAILWAY ENGINEERING SCIENCE	29	1.00	33.8	4.8	6	14	0.34	0.76	7.07
468	RARE METALS	394	1.00	52.0	6.9	29	177	0.03	1.00	5.47
469	REGENERATIVE BIOMATERIALS	345								
470	REGIONAL SUSTAINABILITY	35	1.00	63.3	3.8	5	33	0.80	0.54	5.64
471	REPRODUCTIVE AND DEVELOPMENTAL MEDICINE	35	1.00	49.6	8.7	5	23	0.26	0.71	7.29
472	RESEARCH	268	1.00	68.4	8.9	26	158	0.10	0.99	5.18
473	RESEARCH IN ASTRONOMY AND ASTROPHYSICS	281	0.96	55.7	6.6	24	117	0.22	0.91	10.52
474	RHEUMATOLOGY & AUTOIMMUNITY	38	0.93	29.6	5.1	9	32	0.45	0.50	6.52
475	RICE SCIENCE	62	0.91	60.6	7.2	11	51	0.35	0.89	8.43
476	ROCK MECHANICS BULLETIN	43								
477	SATELLITE NAVIGATION	30								

序号	期刊名称	来源文献量	文献选出率	平均引文数	平均作者数	地区分布数	机构分布数	海外论文比	基金论文比	引用半衰期
478	SCIENCE BULLETIN	483	0.95	36.4	7.6	26	225	0.07	0.91	4.76
479	SCIENCE CHINA–CHEMISTRY	348	1.00	70.7	6.6	22	123	0.04	0.91	4.77
480	SCIENCE CHINA–EARTH SCIENCES	202	1.00	78.4	6.4	23	90	0.00	0.98	9.26
481	SCIENCE CHINA–INFORMATION SCIENCES	348	0.97	36.3	5.5	22	119	0.02	0.97	5.66
482	SCIENCE CHINA–LIFE SCIENCES	228	1.00	70.7	9.9	25	129	0.04	0.86	6.63
483	SCIENCE CHINA–MATERIALS	517	0.98	53.8	7.7	27	191	0.05	0.94	4.49
484	SCIENCE CHINA–MATHEMATICS	126	0.93	33.1	2.4	20	84	0.17	0.93	15.42
485	SCIENCE CHINA–PHYSICS MECHANICS & ASTRONOMY	235	1.00	66.6	6.5	25	114	0.08	0.81	7.29
486	SCIENCE CHINA–TECHNOLOGICAL SCIENCES	292	1.00	51.2	5.8	24	124	0.02	0.96	5.35
487	SCIENCE OF TRADITIONAL CHINESE MEDICINE	17								
488	SCIENCES IN COLD AND ARID REGIONS	31	0.79	45.1	6.6	9	17	0.06	0.97	8.11
489	SECURITY AND SAFETY	29	0.88	39.4	3.9	8	22	0.03	0.76	4.86
490	SEED BIOLOGY	24								
491	SHE JI: THE JOURNAL OF DESIGN, ECONOMICS, AND INNOVATION	35								
492	SIGNAL TRANSDUCTION AND TARGETED THERAPY	445	1.00	134.7	10.2	23	253	0.20	0.97	6.20
493	SMARTMAT	96								
494	SOIL ECOLOGY LETTERS	54	0.98	60.1	6.3	14	48	0.31	0.83	8.24
495	SOLID EARTH SCIENCES	88								
496	SOUTH CHINA JOURNAL OF CARDIOLOGY	31	1.00	21.0	4.9	8	20		0.65	5.84
497	SPACE：SCIENCE & TECHNOLOGY	47	0.89	46.6	5.1	8	30	0.23	1.00	8.93
498	STATISTICAL THEORY AND RELATED FIELDS	26	1.00	22.3	2.7	9	20	0.38	0.58	13.78
499	STRESS BIOLOGY	57								
500	STROKE AND VASCULAR NEUROLOGY	83								
501	SUPERCONDUCTIVITY	63								
502	SURFACE SCIENCE AND TECHNOLOGY	29								
503	SUSMAT	—								
504	SYNTHETIC AND SYSTEMS BIOTECHNOLOGY	238								
505	THE INTERNATIONAL JOURNAL OF INTELLIGENT CONTROL AND SYSTEMS	—								
506	THE JOURNAL OF BIOMEDICAL RESEARCH	41								
507	THE JOURNAL OF CHINA UNIVERSITIES OF POSTS AND TELECOMMUNICATIONS	58	0.91	26.2	4.1	19	34		0.83	5.91
508	THEORETICAL & APPLIED MECHANICS LETTERS	62	1.00	33.5	3.5	12	51	0.35	0.77	6.98
509	TRANSACTIONS OF NANJING UNIVERSITY OF AERONAUTICS AND ASTRONAUTICS	62	0.93	27.8	4.7	11	33	0.03	0.85	6.42
510	TRANSACTIONS OF NONFERROUS METALS SOCIETY OF CHINA	293	1.00	41.1	6.1	26	97	0.05	0.94	6.56

序号	期刊名称	来源文献量	文献选出率	平均引文数	平均作者数	地区分布数	机构分布数	海外论文比	基金论文比	引用半衰期
511	TRANSACTIONS OF TIANJIN UNIVERSITY	37	1.00	63.5	6.5	13	24	0.16	0.97	4.09
512	TRANSLATIONAL NEURODEGENERATION	55	1.00	126.2	8.5	10	51	0.60	0.95	6.95
513	TRANSPORTATION SAFETY AND ENVIRONMENT	46								
514	TSINGHUA SCIENCE AND TECHNOLOGY	92	0.97	37.2	4.9	21	56	0.04	0.89	6.26
515	TUNGSTEN	56								
516	ULTRAFAST SCIENCE	30	0.97	68.7	7.5	9	27	0.37	1.00	7.36
517	UNDERGROUND SPACE	100	1.00	49.9	5.2	16	49	0.13	0.97	7.20
518	UNMANNED SYSTEMS	27	0.96	46.3	3.8	5	16	0.44	1.00	6.94
519	UROPRECISION	23	0.74	31.7	9.5	6	14	0.35	0.26	6.49
520	VERTEBRATA PALASIATICA	19	1.00	47.1	3.9	3	5	0.11	1.00	19.52
521	VIROLOGICA SINICA	103	1.00	48.5	10.5	22	81	0.01	1.00	6.03
522	VIRTUAL REALITY & INTELLIGENT HARDWARE, VRIH	38								
523	VISUAL COMPUTING FOR INDUSTRY, BIOMEDICINE AND ART	24								
524	VISUAL INFORMATICS	33	1.00	48.8	4.3	8	26	0.45	0.79	7.12
525	VISUAL INTELLIGENCE	31								
526	WASTE DISPOSAL & SUSTAINABLE ENERGY	40	1.00	68.6	5.1	6	31	0.65	0.65	5.96
527	WATER BIOLOGY AND SECURITY	45								
528	WATER SCIENCE AND ENGINEERING	45	0.94	40.7	4.6	11	31	0.44	0.93	7.65
529	WORLD JOURNAL OF ACUPUNCTURE-MOXIBUSTION	61	0.97	33.6	5.5	21	35	0.02	0.84	5.62
530	WORLD JOURNAL OF EMERGENCY MEDICINE	105	1.00	20.6	6.4	18	77	0.31	0.55	6.74
531	WORLD JOURNAL OF INTEGRATED TRADITIONAL AND WESTERN MEDICINE	25	0.86	35.6	4.6	10	20		0.72	6.81
532	WORLD JOURNAL OF OTORHINOLARYNGOLOGY-HEAD AND NECK SURGERY	45	0.94	31.7	5.4	2	40	0.89	0.11	9.56
533	WORLD JOURNAL OF PEDIATRIC SURGERY	45	1.00	25.3	6.9	5	34	0.64	0.27	6.28
534	WORLD JOURNAL OF PEDIATRICS	120	0.91	45.0	8.5	10	88	0.45	0.69	6.34
535	WORLD JOURNAL OF TRADITIONAL CHINESE MEDICINE	48	0.94	46.4	7.5	13	35	0.17	0.79	6.20
536	WUHAN UNIVERSITY JOURNAL OF NATURAL SCIENCES	63	0.98	22.1	3.6	17	44		0.84	6.84
537	ZOOLOGICAL RESEARCH	110	0.99	59.1	8.2	21	70	0.23	0.95	7.59
538	ZOOLOGICAL RESEARCH: DIVERSITY AND CONSERVATION	—								
539	ZOOLOGICAL SYSTEMATICS	19	0.79	39.4	4.3	12	18	0.05	1.00	17.11
540	ZTE COMMUNICATIONS	49	0.94	27.5	4.1	11	32	0.02	0.51	3.83

（注："—"表示未找到期刊的来源文献量，"空白"表示期刊无对应指标）

2.2 2023年中国英文科技期刊指标（引用部分）

序号	期刊名称	总被引频次	影响因子	即年指标	他引率	引用刊数	学科影响指标	学科扩散指标	被引半衰期	H指数
1	ABIOTECH									
2	ACTA BIOCHIMICA ET BIOPHYSICA SINICA	1279	0.98	0.1	0.90	564	0.63	13.12	5.31	6
3	ACTA EPILEPSY	21	0.23	0.0	0.62	11	0.08	0.28	3.31	2
4	ACTA GEOCHIMICA	319	0.27	0.0	0.92	149	0.68	5.96	8.23	3
5	ACTA GEOLOGICA SINICA–ENGLISH EDITION	1533	0.94	0.3	0.86	214	0.72	3.57	7.90	6
6	ACTA MATHEMATICA SCIENTIA	341	0.20	0.0	0.68	105	0.06	2.10	8.07	2
7	ACTA MATHEMATICA SINICA–ENGLISH SERIES	248	0.12	0.0	0.90	102	0.60	1.96	10.93	3
8	ACTA MATHEMATICAE APPLICATAE SINICA–ENGLISH SERIES	123	0.18	0.0	0.95	77	0.44	1.48	10.36	2
9	ACTA MECHANICA SINICA	927	1.09	0.3	0.58	233	0.94	13.71	4.63	4
10	ACTA MECHANICA SOLIDA SINICA	312	0.40	0.2	0.78	131	0.88	7.71	7.10	3
11	ACTA METALLURGICA SINICA–ENGLISH LETTERS	1283	1.12	0.3	0.66	206	0.56	5.02	5.17	4
12	ACTA OCEANOLOGICA SINICA	763	0.37	0.0	0.81	200	0.71	5.88	7.34	4
13	ACTA PHARMACEUTICA SINICA B	3125	3.08	0.5	0.76	695	0.82	10.53	3.67	12
14	ACTA PHARMACOLOGICA SINICA	2957	1.88	0.4	0.94	817	0.83	12.38	5.60	10
15	ACUPUNCTURE AND HERBAL MEDICINE	46	0.00	0.1	0.85	31	0.27	2.82	2.83	3
16	ADDITIVE MANUFACTURING FRONTIERS									
17	ADVANCED FIBER MATERIALS									
18	ADVANCED PHOTONICS	279	0.00	0.1	0.98	42	0.50	1.91	3.70	4
19	ADVANCES IN APPLIED MATHEMATICS AND MECHANICS									
20	ADVANCES IN ATMOSPHERIC SCIENCES	2141	1.66	0.7	0.80	257	0.94	7.79	6.92	9
21	ADVANCES IN CLIMATE CHANGE RESEARCH	454	1.05	0.3	0.79	191	0.48	5.79	4.18	5
22	ADVANCES IN MANUFACTURING	77	0.00	0.0	0.83	50	0.05	0.53	6.10	3
23	ADVANCES IN METEOROLOGICAL SCIENCE AND TECHNOLOGY	909	0.63	0.0	0.93	283	0.94	8.58	6.54	9
24	ADVANCES IN POLAR SCIENCE	61	0.21	0.0	0.70	26	0.05	0.68	7.79	2
25	AEROSPACE CHINA	47	0.16	0.0	0.94	33	0.17	0.47	4.90	3
26	AEROSPACE SYSTEMS									
27	AGRICULTURAL SCIENCE & TECHNOLOGY	541	0.52	0.0	1.00	300	0.43	2.80	9.38	3
28	AI IN CIVIL ENGINEERING									
29	ALGEBRA COLLOQUIUM	77	0.03	0.0	0.86	34	0.25	0.65	12.50	3
30	ANALYSIS IN THEORY AND APPLICATIONS	19	0.06	0.0	0.84	14	0.12	0.27	9.50	1
31	ANIMAL DISEASES									
32	ANIMAL MODELS AND EXPERIMENTAL MEDICINE	171	0.90	0.1	0.76	73	0.11	1.66	3.54	5

序号	期刊名称	总被引频次	影响因子	即年指标	他引率	引用刊数	学科影响指标	学科扩散指标	被引半衰期	H指数
33	ANIMAL NUTRITION	1121	1.83	0.2	0.87	196	0.48	2.18	4.00	6
34	ANNALS OF APPLIED MATHEMATICS									
35	APPLIED GEOPHYSICS	355	0.34	0.0	0.95	127	0.41	5.77	8.49	4
36	APPLIED MATHEMATICS AND MECHANICS–ENGLISH EDITION	527	0.62	0.2	0.59	155	0.88	9.12	5.71	4
37	APPLIED MATHEMATICS–A JOURNAL OF CHINESE UNIVERSITIES SERIES B	69	0.11	0.0	0.94	52	0.29	1.00	10.93	2
38	AQUACULTURE AND FISHERIES	152	0.40	0.1	0.72	65	0.63	2.41	4.30	2
39	ARTIFICIAL INTELLIGENCE IN AGRICULTURE									
40	ASIAN HERPETOLOGICAL RESEARCH	81	0.33	0.0	0.68	20	0.36	1.43	5.39	3
41	ASIAN JOURNAL OF ANDROLOGY	670	0.59	0.1	0.91	244	0.64	17.43	7.34	5
42	ASIAN JOURNAL OF PHARMACEUTICAL SCIENCES	240	0.90	0.2	0.88	119	0.27	1.80	3.93	4
43	ASIAN JOURNAL OF UROLOGY	117	0.00	0.0	1.00	61	0.50	4.36	6.20	2
44	ASTRODYNAMICS									
45	ASTRONOMICAL TECHNIQUES AND INSTRUMENTS	243	0.51	0.1	0.58	95	0.83	15.83	5.56	3
46	ATMOSPHERIC AND OCEANIC SCIENCE LETTERS	398	0.71	0.1	0.92	144	0.79	4.36	6.03	5
47	AUTOMOTIVE INNOVATION	123	0.86	0.0	0.76	45	0.17	1.96	3.92	2
48	AUTONOMOUS INTELLIGENT SYSTEMS									
49	AVIAN RESEARCH	196	0.32	0.0	0.55	50	0.29	3.57	5.71	2
50	BAOSTEEL TECHNICAL RESEARCH	31	0.04	0.0	0.90	25	0.07	0.61	10.75	2
51	BIG DATA MINING AND ANALYTICS	129	0.00	0.0	0.74	54	0.25	0.79	3.87	4
52	BIG EARTH DATA									
53	BIOACTIVE MATERIALS									
54	BIOCHAR									
55	BIO–DESIGN AND MANUFACTURING	172	0.92	0.1	0.73	73	0.04	0.78	3.49	3
56	BIODESIGN RESEARCH									
57	BIOMATERIALS TRANSLATIONAL	13	0.00	0.0	1.00	9	0.00	0.56	3.36	2
58	BIOMEDICAL AND ENVIRONMENTAL SCIENCES	769	0.72	0.1	0.95	439	0.14	10.21	6.24	6
59	BIOMEDICAL ENGINEERING FRONTIERS									
60	BIOMIMETIC INTELLIGENCE AND ROBOTICS	43	1.07	0.4	0.35	15	0.05	0.19	2.56	2
61	BIOPHYSICS REPORTS	27	0.00	0.0	0.89	25	0.09	0.58	5.36	2
62	BIOSAFETY AND HEALTH	81	0.32	0.2	0.83	54	0.13	3.38	3.78	3
63	BIOSURFACE AND BIOTRIBOLOGY									
64	BLOCKCHAIN: RESEARCH & APPLICATIONS	34	0.55	0.1	0.59	18	0.12	0.26	3.00	1
65	BLOOD SCIENCE	14	0.19	0.0	0.93	14	0.01	0.11	3.00	1
66	BMEMAT（BIOMEDICAL ENGINEERING MATERIALS）									
67	BONE RESEARCH	763	2.54	0.4	0.91	303	0.50	13.77	4.97	5
68	BRAIN NETWORK DISORDERS									
69	BRAIN SCIENCE ADVANCES									
70	BUILDING SIMULATION	232	0.27	0.0	1.00	131	0.08	0.92	5.18	3
71	BUILT HERITAGE	25	0.00	0.0	0.60	8	0.03	0.06	0.00	2

序号	期刊名称	总被引频次	影响因子	即年指标	他引率	引用刊数	学科影响指标	学科扩散指标	被引半衰期	H 指数
72	BULLETIN OF THE CHINESE ACADEMY OF SCIENCES									
73	CAAI ARTIFICIAL INTELLIGENCE RESEARCH									
74	CANCER BIOLOGY & MEDICINE	791	1.69	0.3	0.81	359	0.84	8.16	4.06	8
75	CANCER COMMUNICATIONS	5020	20.10	2.1					2.90	
76	CANCER INNOVATION									
77	CANCER PATHOGENESIS & THERAPY									
78	CARBON ENERGY	279	0.00	0.2	1.00	66	0.40	1.57	3.10	2
79	CARDIOLOGY DISCOVERY	21	0.28	0.1	0.81	11	0.15	0.41	2.93	1
80	CCF TRANSACTIONS ON HIGH PERFORMANCE COMPUTING									
81	CCF TRANSACTIONS ON PERVASIVE COMPUTING AND INTERACTION									
82	CCS CHEMISTRY									
83	CELL REGENERATION									
84	CELL RESEARCH	3801	2.36	0.4	0.98	854	0.67	19.86	7.21	16
85	CELLULAR & MOLECULAR IMMUNOLOGY	563	0.44	0.0	1.00	322	0.36	7.32	6.83	6
86	CHAIN									
87	CHEMICAL RESEARCH IN CHINESE UNIVERSITIES	520	0.51	0.1	0.85	221	0.74	5.26	4.60	4
88	CHEMPHYSMATER	18	0.00	0.1	0.83	14	0.10	0.22	2.43	1
89	CHINA CDC WEEKLY	922	1.29	0.3	0.87	310	0.65	6.46	3.35	10
90	CHINA CHEMICAL REPORTER									
91	CHINA CITY PLANNING REVIEW	68	0.00	0.0	0.35	24	0.03	0.17	5.22	2
92	CHINA COMMUNICATIONS	1324	1.14	0.1	0.70	292	0.72	5.41	4.31	7
93	CHINA DETERGENT & COSMETICS	4	0.00	0.0	1.00	4	0.00	0.08	4.33	1
94	CHINA ELECTROTECHNICAL SOCIETY TRANSACTIONS ON ELECTRICAL MACHINES AND SYSTEMS	249	1.68	0.2	0.85	54	0.07	0.81	4.22	4
95	CHINA ENVIRONMENT YEARBOOK									
96	CHINA FOUNDRY	365	0.95	0.2	0.71	86	0.26	1.18	5.45	4
97	CHINA GEOLOGY	258	0.97	0.2	0.89	96	0.37	1.60	3.93	5
98	CHINA MEDICAL ABSTRACTS INTERN MEDICINE	18	0.00	0.0	1.00	18	0.07	1.29	5.00	1
99	CHINA NONFERROUS METALS MONTHLY									
100	CHINA OCEAN ENGINEERING	434	0.46	0.1	0.76	156	0.44	4.59	7.73	4
101	CHINA OIL & GAS	6	0.00	0.0	1.00	6	0.01	0.07	11.00	1
102	CHINA PETROLEUM PROCESSING & PETROCHEMICAL TECHNOLOGY	161	0.41	0.0	0.73	68	0.11	0.75	5.79	3
103	CHINA POPULATION AND DEVELOPMENT STUDIES									
104	CHINA RARE EARTH INFORMATION	3	0.00	0.0	1.00	3	0.02	0.05	9.50	1
105	CHINA STANDARDIZATION	21	0.55	0.0	1.00	21	0.01	0.22	9.19	2
106	CHINA TEXTILE	7	0.00	0.0	1.00	6	0.07	0.15	9.50	1
107	CHINA WELDING	216	1.52	0.3	0.91	38	0.15	0.52	4.13	5
108	CHINA'S REFRACTORIES	37	0.24	0.0	0.92	16	0.06	0.25	4.36	2

序号	期刊名称	总被引频次	影响因子	即年指标	他引率	引用刊数	学科影响指标	学科扩散指标	被引半衰期	H指数
109	CHINESE ANNALS OF MATHEMATICS SERIES B	118	0.15	0.0	0.90	58	0.44	1.12	12.50	3
110	CHINESE CHEMICAL LETTERS	6108	1.96	0.5	0.48	549	0.88	13.07	3.56	7
111	CHINESE GEOGRAPHICAL SCIENCE	777	0.89	0.2	0.88	324	0.58	8.53	7.22	5
112	CHINESE HERBAL MEDICINES	357	0.75	0.2	0.93	160	0.69	12.31	5.33	4
113	CHINESE JOURNAL OF ACOUSTICS	56	0.17	0.0	0.79	25	0.08	0.50	7.71	2
114	CHINESE JOURNAL OF AERONAUTICS	3394	1.72	0.3	0.70	533	0.69	7.61	4.67	10
115	CHINESE JOURNAL OF BIOMEDICAL ENGINEERING	12	0.15	0.0	1.00	12	0.06	0.75	4.00	1
116	CHINESE JOURNAL OF CANCER RESEARCH	1062	2.50	0.2	0.90	449	0.89	10.20	5.39	12
117	CHINESE JOURNAL OF CATALYSIS	3530	2.77	0.5	0.81	455	0.76	10.83	4.77	8
118	CHINESE JOURNAL OF CHEMICAL ENGINEERING	1683	0.62	0.1	0.81	511	0.53	5.16	5.37	5
119	CHINESE JOURNAL OF CHEMICAL PHYSICS	232	0.26	0.0	0.75	123	0.38	2.93	6.78	2
120	CHINESE JOURNAL OF CHEMISTRY	2078	1.62	0.4	0.56	250	0.81	5.95	3.59	4
121	CHINESE JOURNAL OF DENTAL RESEARCH									
122	CHINESE JOURNAL OF ELECTRICAL ENGINEERING	113	0.04	0.0	0.88	56	0.17	0.46	4.98	2
123	CHINESE JOURNAL OF ELECTRONICS	418	0.54	0.1	0.72	188	0.36	2.81	4.81	4
124	CHINESE JOURNAL OF INTEGRATIVE MEDICINE	1770	1.51	0.4	0.93	498	0.45	3.77	5.79	6
125	CHINESE JOURNAL OF MECHANICAL ENGINEERING	1203	1.01	0.2	0.88	384	0.61	8.73	6.19	6
126	CHINESE JOURNAL OF NATURAL MEDICINES	1457	1.46	0.1	0.94	488	0.92	37.54	6.80	9
127	CHINESE JOURNAL OF NEONATOLOGY	1064	1.22	0.2	0.84	301	0.88	18.81	5.06	8
128	CHINESE JOURNAL OF PLASTIC AND RECONSTRUCTIVE SURGERY	24	0.14	0.1	0.88	20	0.38	1.54	3.67	2
129	CHINESE JOURNAL OF POLYMER SCIENCE	1002	1.13	0.2	0.72	184	0.60	4.38	4.54	4
130	CHINESE JOURNAL OF POPULATION RESOURCES AND ENVIRONMENT	76	0.28	0.0	0.93	64	0.12	0.86	6.70	2
131	CHINESE JOURNAL OF STRUCTURAL CHEMISTRY	500	0.90	0.2	0.76	106	0.20	1.07	2.90	4
132	CHINESE JOURNAL OF TRAUMATOLOGY	411	0.84	0.2	0.97	235	0.32	7.58	5.64	5
133	CHINESE JOURNAL OF URBAN AND ENVIRONMENTAL STUDIES									
134	CHINESE MEDICAL JOURNAL	6792	2.42	0.2	0.96	1213	0.91	9.19	4.68	13
135	CHINESE MEDICAL JOURNAL PULMONARY AND CRITICAL CARE MEDICINE									
136	CHINESE MEDICAL SCIENCES JOURNAL	221	0.61	0.1	1.00	189	0.22	1.43	5.77	3
137	CHINESE MEDICINE AND CULTURE	36	0.17	0.3	0.69	20	0.15	0.29	3.00	2
138	CHINESE MEDICINE AND NATURAL PRODUCTS	4	0.00	0.1	1.00	4	0.00	0.06	2.00	1
139	CHINESE NEUROSURGICAL JOURNAL	57	0.39	0.1	1.00	41	0.30	1.03	3.83	2
140	CHINESE NURSING FRONTIERS	48	0.16	0.0	1.00	36	0.41	1.24	5.38	2
141	CHINESE NURSING RESEARCH									
142	CHINESE OPTICS LETTERS	1246	1.09	0.3	0.78	165	0.48	3.30	4.63	4
143	CHINESE PHYSICS B	3606	0.44	0.1	0.57	557	0.82	11.14	5.48	5
144	CHINESE PHYSICS C	894	0.62	0.1	0.68	75	0.28	1.50	4.50	4

序号	期刊名称	总被引频次	影响因子	即年指标	他引率	引用刊数	学科影响指标	学科扩散指标	被引半衰期	H 指数
145	CHINESE PHYSICS LETTERS	1838	1.11	0.4	0.82	276	0.76	5.52	7.01	4
146	CHINESE QUARTERLY JOURNAL OF MATHEMATICS	61	0.15	0.0	0.84	42	0.23	0.81	10.10	2
147	CHINESE RAILWAYS	0	0.00	0.0	0.00	0	0.00	0.00	0.00	0
148	CHIP									
149	CHRONIC DISEASES AND TRANSLATIONAL MEDICINE	91	0.58	0.0	1.00	86	0.11	1.51	4.72	4
150	CLEAN ENERGY									
151	CLINICAL TRADITIONAL MEDICINE AND PHARMACOLOGY									
152	COLLAGEN AND LEATHER	5	0.00	0.1	0.60	3	0.04	0.06	2.25	1
153	COMMUNICATIONS IN MATHEMATICAL RESEARCH	29	0.15	0.0	0.97	21	0.19	0.40	8.50	1
154	COMMUNICATIONS IN MATHEMATICS AND STATISTICS									
155	COMMUNICATIONS IN THEORETICAL PHYSICS	380	0.27	0.0	0.73	103	0.42	2.06	6.64	3
156	COMMUNICATIONS IN TRANSPORTATION RESEARCH									
157	COMMUNICATIONS ON APPLIED MATHEMATICS AND COMPUTATION									
158	COMMUNICATIONS ON PURE AND APPLIED ANALYSIS									
159	COMPLEX SYSTEM MODELING AND SIMULATION									
160	COMPUTATIONAL VISUAL MEDIA	247	2.36	0.1	0.77	101	0.29	1.49	3.15	4
161	CONTROL THEORY AND TECHNOLOGY	126	0.35	0.2	0.77	66	0.15	0.85	6.39	3
162	CORROSION COMMUNICATIONS	75	1.06	0.2	0.72	26	0.13	0.41	3.16	0
163	CROP JOURNAL	1087	1.47	0.3	0.85	220	0.63	5.37	4.09	8
164	CSEE JOURNAL OF POWER AND ENERGY SYSTEMS	1155	1.52	0.2	0.57	154	0.13	2.30	4.51	7
165	CIVIL ENGINEERING SCIENCES	871	0.91	0.2	0.84	202	0.55	3.37	12.15	7
166	CURRENT MEDICAL SCIENCE									
167	CURRENT UROLOGY	0	0.00	0.0	0.00	0	0.00	0.00	0.00	0
168	CURRENT ZOOLOGY									
169	CYBERSECURITY									
170	CYBORG AND BIONIC SYSTEMS	52	0.00	0.1	0.58	19	0.05	0.95	2.96	1
171	DATA INTELLIGENCE									
172	DATA SCIENCE AND ENGINEERING									
173	DATA SCIENCE AND MANAGEMENT									
174	DEEP UNDERGROUND SCIENCE AND ENGINEERING	11	0.00	0.1	0.55	6	0.02	0.10	2.31	2
175	DEFENCE TECHNOLOGY	1105	1.50	0.2	0.70	282	0.74	9.10	3.94	5
176	DIGITAL CHINESE MEDICINE	120	0.91	0.1	0.93	86	0.35	1.26	3.78	3
177	DIGITAL COMMUNICATIONS AND NETWORKS									
178	DIGITAL TWIN									
179	EARTH AND PLANETARY PHYSICS	396	1.33	0.7	0.76	50	0.50	2.27	4.10	6

序号	期刊名称	总被引频次	影响因子	即年指标	他引率	引用刊数	学科影响指标	学科扩散指标	被引半衰期	H指数
180	EARTHQUAKE ENGINEERING AND ENGINEERING VIBRATION	492	0.61	0.0	0.61	127	0.32	5.77	8.46	4
181	EARTHQUAKE RESEARCH ADVANCES	108	1.25	0.5	0.81	44	0.05	0.73	2.63	3
182	EARTHQUAKE SCIENCE	277	0.73	0.7	0.83	71	0.77	3.23	9.50	5
183	ECOLOGICAL ECONOMY									
184	ECOLOGICAL FRONTIERS									
185	ECOLOGICAL PROCESSES	118	0.42	0.0	1.00	69	0.40	6.90	3.95	2
186	ECOSYSTEM HEALTH AND SUSTAINABILITY									
187	ELECTROCHEMICAL ENERGY REVIEWS									
188	ELECTROMAGNETIC SCIENCE									
189	ELIGHT	224	0.00	1.2	0.82	39	0.24	0.78	2.48	0
190	EMERGENCY AND CRITICAL CARE MEDICINE	7	0.00	0.0	0.71	6	0.04	0.11	2.83	1
191	EMERGING CONTAMINANTS									
192	ENERGY & ENVIRONMENTAL MATERIALS	466	1.43	0.3	0.99	114	0.12	2.19	3.03	4
193	ENERGY GEOSCIENCE									
194	ENERGY MATERIAL ADVANCES	100	0.00	0.4	0.75	30	0.12	0.58	3.25	2
195	ENERGY STORAGE AND SAVING									
196	ENGINEERING	2280	1.43	0.2	0.90	956	0.22	9.19	4.92	13
197	ENGINEERING MICROBIOLOGY									
198	ENTOMOTAXONOMIA	111	0.21	0.0	0.85	45	0.29	3.21	15.75	2
199	ENVIRONMENT & HEALTH									
200	ENVIRONMENTAL SCIENCE AND ECOTECHNOLOGY									
201	ESCIENCE	535	0.00	0.4	0.89	58	0.38	1.38	2.72	0
202	EXPERIMENTAL AND COMPUTATIONAL MULTIPHASE FLOW									
203	EYE AND VISION	110	0.90	0.1	1.00	39	0.62	3.00	4.20	2
204	FOOD QUALITY AND SAFETY	56	0.00	0.0	0.95	33	0.26	0.54	4.33	2
205	FOOD SCIENCE AND HUMAN WELLNESS	642	1.16	0.4	0.86	200	0.56	3.28	3.59	6
206	FOREST ECOSYSTEMS	173	0.38	0.0	0.98	94	0.29	1.24	4.95	3
207	FRICTION	857	1.36	0.2	0.52	135	0.09	1.44	4.40	8
208	FRIGID ZONE MEDICINE	10	0.00	0.0	0.50	6	0.02	0.05	3.00	1
209	FRONTIERS IN ENERGY	225	0.49	0.1	0.74	110	0.12	2.12	4.74	3
210	FRONTIERS OF AGRICULTURAL SCIENCE AND ENGINEERING	220	0.50	0.0	0.94	138	0.18	1.29	4.98	5
211	FRONTIERS OF ARCHITECTURAL RESEARCH	175	0.37	0.1	0.69	81	0.19	0.57	4.73	3
212	FRONTIERS OF CHEMICAL SCIENCE AND ENGINEERING	484	0.80	0.1	0.60	163	0.27	1.65	4.72	4
213	FRONTIERS OF COMPUTER SCIENCE	382	0.47	0.1	0.79	175	0.46	2.57	5.06	5
214	FRONTIERS OF DIGITAL EDUCATION									
215	FRONTIERS OF EARTH SCIENCE	254	0.33	0.0	0.91	162	0.44	6.48	7.33	3
216	FRONTIERS OF ENGINEERING MANAGEMENT	158	0.58	0.1	0.63	71	0.06	0.76	4.43	4
217	FRONTIERS OF ENVIRONMENTAL SCIENCE & ENGINEERING	1014	0.00	0.2	0.66	268	0.50	3.62	4.45	5

序号	期刊名称	总被引频次	影响因子	即年指标	他引率	引用刊数	学科影响指标	学科扩散指标	被引半衰期	H 指数
218	FRONTIERS OF INFORMATION TECHNOLOGY & ELECTRONIC ENGINEERING	638	0.72	0.1	0.82	309	0.34	4.61	5.12	6
219	FRONTIERS OF MATERIALS SCIENCE	481	2.12	0.2	0.96	205	0.38	3.25	4.42	3
220	FRONTIERS OF MATHEMATICS IN CHINA	120	0.20	0.1	1.00	52	0.46	1.00	7.21	3
221	FRONTIERS OF MECHANICAL ENGINEERING	404	1.03	0.5	0.78	156	0.39	3.55	5.41	5
222	FRONTIERS OF MEDICINE	1703	5.17	0.7	0.98	789	0.56	5.98	3.99	7
223	FRONTIERS OF OPTOELECTRONICS	121	0.35	0.0	0.86	61	0.50	2.77	4.94	3
224	FRONTIERS OF PHYSICS	768	1.72	0.4	0.68	148	0.44	2.96	3.93	5
225	FRONTIERS OF STRUCTURAL AND CIVIL ENGINEERING	321	0.41	0.0	0.70	138	0.44	8.63	5.32	5
226	FUNDAMENTAL RESEARCH	262	0.00	0.4	0.91	151	0.10	1.45	2.69	3
227	FUNGAL DIVERSITY									
228	GASTROENTEROLOGY REPORT									
229	GENERAL PSYCHIATRY	156	0.73	0.1	0.67	83	0.33	2.08	3.54	4
230	GENES & DISEASES	612	0.00	0.1	0.89	339	0.31	2.57	4.34	3
231	GENOMICS PROTEOMICS & BIOINFORMATICS	704	1.24	0.3	0.82	307	0.47	7.14	5.38	9
232	GEODESY AND GEODYNAMICS	154	0.38	0.1	0.86	70	0.68	3.18	7.45	3
233	GEOGRAPHY AND SUSTAINABILITY	129	1.00	0.2	0.84	72	0.12	2.88	3.73	4
234	GEOHAZARD MECHANICS									
235	GEOSCIENCE FRONTIERS	1104	1.03	0.4	0.85	266	0.76	10.64	5.19	8
236	GEO-SPATIAL INFORMATION SCIENCE	169	0.65	0.1	0.88	107	0.08	4.28	4.92	3
237	GLOBAL ENERGY INTERCONNECTION	275	1.47	0.1	0.88	88	0.17	1.69	3.58	5
238	GLOBAL GEOLOGY	37	0.10	0.0	0.95	25	0.12	0.42	10.28	2
239	GLOBAL HEALTH JOURNAL	59	0.30	0.5	0.69	39	0.08	0.81	3.35	2
240	GRAIN & OIL SCIENCE AND TECHNOLOGY	104	1.05	0.0	0.96	36	0.33	0.59	4.53	3
241	GRASSLAND RESEARCH									
242	GREEN AND SMART MINING ENGINEERING									
243	GREEN CARBON									
244	GREEN CHEMICAL ENGINEERING	116	1.09	0.0	0.66	46	0.12	0.46	3.05	2
245	GREEN ENERGY & ENVIRONMENT	816	1.93	0.5	0.68	170	0.17	3.27	3.60	4
246	GREEN ENERGY AND INTELLIGENT TRANSPORTATION									
247	GUIDANCE, NAVIGATION AND CONTROL									
248	GUIDELINE AND STANDARD IN CHINESE MEDICINE									
249	GYNECOLOGY AND OBSTETRICS CLINICAL MEDICINE	35	0.42	0.1	0.89	25	0.21	1.79	2.88	2
250	HEALTH DATA SCIENCE	11	0.00	0.0	0.73	8	0.02	0.14	3.39	1
251	HEPATOBILIARY & PANCREATIC DISEASES INTERNATIONAL	567	0.66	0.1	0.98	286	0.57	13.62	6.30	6
252	HIGH POWER LASER SCIENCE AND ENGINEERING	12	0.00	0.0	1.00	4	0.09	0.18	2.33	2
253	HIGH TECHNOLOGY LETTERS	63	0.18	0.0	0.97	52	0.02	0.50	5.17	2
254	HIGH VOLTAGE	63	0.00	0.0	0.98	19	0.03	0.28	2.49	3
255	HIGH-SPEED RAILWAY									

序号	期刊名称	总被引频次	影响因子	即年指标	他引率	引用刊数	学科影响指标	学科扩散指标	被引半衰期	H指数
256	HOLISTIC INTEGRATIVE ONCOLOGY									
257	HORTICULTURAL PLANT JOURNAL	594	2.54	0.2	0.67	116	0.35	2.70	3.71	5
258	HORTICULTURE RESEARCH	634	0.49	0.1	1.00	143	0.30	3.33	4.14	4
259	IEEE–CAA JOURNAL OF AUTOMATICA SINICA	1771	2.25	0.9	0.55	351	0.29	4.50	3.67	12
260	IET CYBER–SYSTEMS AND ROBOTICS									
261	ILIVER	6	0.00	0.1	0.83	6	0.10	0.29	2.25	1
262	INFECTION CONTROL									
263	INFECTION INTERNATIONAL									
264	INFECTIOUS DISEASE MODELLING									
265	INFECTIOUS DISEASES & IMMUNITY	1	0.01	0.0	1.00	1	0.00	0.07	0.00	1
266	INFECTIOUS DISEASES OF POVERTY	536	0.75	0.3	0.91	186	0.47	12.40	4.47	4
267	INFECTIOUS MEDICINE	3	0.00	0.0	0.33	2	0.07	0.13	2.25	1
268	INFECTIOUS MICROBES & DISEASE	25	0.16	0.0	0.24	7	0.07	0.47	4.38	0
269	INFOMAT									
270	INFORMATION PROCESSING IN AGRICULTURE									
271	INNOVATION AND DEVELOPMENT POLICY									
272	INSECT SCIENCE	638	0.72	0.2	0.82	142	0.36	10.14	5.56	5
273	INSTRUMENTATION	1	0.00	0.0	1.00	1	0.00	0.05	0.00	1
274	INTEGRATIVE ZOOLOGY									
275	INTELLIGENT MEDICINE	19	0.00	0.0	0.63	13	0.01	0.10	3.21	1
276	INTERDISCIPLINARY MATERIALS									
277	INTERDISCIPLINARY SCIENCES–COMPUTATIONAL LIFE SCIENCES									
278	INTERNATIONAL JOURNAL OF FLUID ENGINEERING									
279	INTERNATIONAL JOURNAL OF COAL SCIENCE & TECHNOLOGY	469	1.14	0.1	0.68	127	0.23	2.44	3.97	5
280	INTERNATIONAL JOURNAL OF DERMATOLOGY AND VENEREOLOGY	175	0.13	0.0	0.99	119	1.00	11.90	10.83	2
281	INTERNATIONAL JOURNAL OF DIGITAL EARTH									
282	INTERNATIONAL JOURNAL OF DISASTER RISK SCIENCE	120	0.22	0.0	0.60	59	0.16	1.90	5.90	4
283	INTERNATIONAL JOURNAL OF EXTREME MANUFACTURING	125	0.89	0.1	1.00	61	0.05	0.65	3.62	5
284	INTERNATIONAL JOURNAL OF INNOVATION STUDIES	14	0.00	0.0	1.00	13	0.01	0.08	6.50	1
285	INTERNATIONAL JOURNAL OF MINERALS METALLURGY AND MATERIALS	1807	1.62	0.6	0.64	291	0.50	5.82	4.42	8
286	INTERNATIONAL JOURNAL OF MINING SCIENCE AND TECHNOLOGY	1564	2.46	0.4	0.77	296	0.70	6.43	5.60	8
287	INTERNATIONAL JOURNAL OF NURSING SCIENCES	224	0.61	0.1	0.94	102	0.79	3.52	4.47	5
288	INTERNATIONAL JOURNAL OF ORAL SCIENCE	186	0.39	0.1	0.97	124	0.87	5.39	6.21	5
289	INTERNATIONAL JOURNAL OF PLANT ENGINEERING AND MANAGEMENT	16	0.18	0.0	0.81	14	0.01	0.19	6.00	1

序号	期刊名称	总被引频次	影响因子	即年指标	他引率	引用刊数	学科影响指标	学科扩散指标	被引半衰期	H指数
290	INTERNATIONAL JOURNAL OF SEDIMENT RESEARCH	303	0.46	0.1	0.74	131	0.36	1.79	6.62	4
291	INTERNATIONAL JOURNAL OF TRANSPORTATION SCIENCE AND TECHNOLOGY									
292	INTERNATIONAL SOIL AND WATER CONSERVATION RESEARCH	274	1.00	0.1	0.78	104	0.15	1.42	4.59	3
293	JOURNAL OF ACUPUNCTURE AND TUINA SCIENCE	507	1.01	0.0	0.89	197	0.55	17.91	6.25	4
294	JOURNAL OF ADVANCED CERAMICS									
295	JOURNAL OF ADVANCED DIELECTRICS									
296	JOURNAL OF ANALYSIS AND TESTING									
297	JOURNAL OF ANIMAL SCIENCE AND BIOTECHNOLOGY	1320	1.60	0.1	0.86	198	0.49	2.20	5.39	5
298	JOURNAL OF ARID LAND	590	0.65	0.2	0.89	223	0.34	5.87	6.83	5
299	JOURNAL OF AUTOMATION AND INTELLIGENCE									
300	JOURNAL OF BEIJING INSTITUTE OF TECHNOLOGY	122	0.28	0.0	0.91	87	0.09	0.64	8.00	3
301	JOURNAL OF BIONIC ENGINEERING	770	1.15	0.2	0.55	214	0.11	2.28	5.27	5
302	JOURNAL OF BIORESOURCES AND BIOPRODUCTS	107	0.73	0.1	0.88	58	0.03	0.76	4.21	2
303	JOURNAL OF BIOSAFETY AND BIOSECURITY									
304	JOURNAL OF BIO-X RESEARCH	18	0.15	0.0	0.50	10	0.05	0.23	4.75	1
305	JOURNAL OF CARDIO-ONCOLOGY									
306	JOURNAL OF CENTRAL SOUTH UNIVERSITY	3009	1.44	0.3	0.78	821	0.39	5.99	5.21	10
307	JOURNAL OF CENTRAL SOUTH UNIVERSITY (SCIENCE AND TECHNOLOGY)	6845	1.97	0.2	0.91	1304	0.64	9.52	7.13	13
308	JOURNAL OF CEREBROVASCULAR DISEASE									
309	JOURNAL OF CHINESE PHARMACEUTICAL SCIENCES	406	0.64	0.1	0.90	206	0.48	3.12	6.74	4
310	JOURNAL OF COMMUNICATIONS AND INFORMATION NETWORKS	94	0.00	0.0	0.91	54	0.26	1.00	4.17	2
311	JOURNAL OF COMPUTATIONAL MATHEMATICS	160	0.12	0.1	0.73	73	0.33	1.40	16.15	2
312	JOURNAL OF COMPUTER SCIENCE AND TECHNOLOGY	249	0.22	0.0	0.92	136	0.40	2.00	6.61	3
313	JOURNAL OF CONTROL AND DECISION									
314	JOURNAL OF COTTON RESEARCH	42	0.33	0.0	1.00	26	0.02	0.60	4.13	2
315	JOURNAL OF DATA AND INFORMATION SCIENCE	103	0.00	0.0	1.00	84	0.30	3.65	7.28	4
316	JOURNAL OF DONGHUA UNIVERSITY(ENGLISH EDITION)	113	0.21	0.1	0.60	51	0.24	1.24	6.88	2
317	JOURNAL OF EARTH SCIENCE	1084	1.34	0.2	0.77	205	0.64	8.20	5.93	5
318	JOURNAL OF ELECTRONIC SCIENCE AND TECHNOLOGY	49	0.17	0.0	0.96	46	0.01	0.69	5.65	2
319	JOURNAL OF ENERGY CHEMISTRY	6655	2.88	0.9	0.51	454	0.76	10.81	3.25	6
320	JOURNAL OF ENVIRONMENTAL ACCOUNTING AND MANAGEMENT									
321	JOURNAL OF ENVIRONMENTAL SCIENCES	3797	1.06	0.7	0.90	825	0.69	11.15	6.58	8

序号	期刊名称	总被引频次	影响因子	即年指标	他引率	引用刊数	学科影响指标	学科扩散指标	被引半衰期	H指数
322	JOURNAL OF FORESTRY RESEARCH	1209	0.77	0.1	0.82	334	0.66	4.39	6.11	5
323	JOURNAL OF GENETICS AND GENOMICS	1150	1.09	0.2	0.93	423	0.14	9.61	9.70	6
324	JOURNAL OF GEODESY AND GEOINFORMATION SCIENCE	245	1.11	0.2	0.87	40	0.24	1.60	4.32	5
325	JOURNAL OF GEOGRAPHICAL SCIENCES	1892	1.16	0.3	0.81	513	0.68	13.50	7.26	9
326	JOURNAL OF GERIATRIC CARDIOLOGY	543	0.56	0.1	0.94	289	0.93	10.70	5.27	5
327	JOURNAL OF HARBIN INSTITUTE OF TECHNOLOGY	94	0.05	0.0	0.95	82	0.07	0.60	9.36	2
328	JOURNAL OF HYDRODYNAMICS	944	1.10	0.2	0.70	250	0.36	3.42	6.80	6
329	JOURNAL OF INFORMATION AND INTELLIGENCE									
330	JOURNAL OF INNOVATIVE OPTICAL HEALTH SCIENCES									
331	JOURNAL OF INTEGRATIVE AGRICULTURE	3042	1.37	0.2	0.87	576	0.59	5.38	6.26	8
332	JOURNAL OF INTEGRATIVE MEDICINE–JIM	1112	1.29	0.2	0.97	409	0.32	3.10	12.82	9
333	JOURNAL OF INTEGRATIVE PLANT BIOLOGY	2751	2.22	0.5	0.92	448	1.00	29.87	7.53	10
334	JOURNAL OF INTENSIVE MEDICINE	17	0.00	0.0	0.82	14	0.05	0.25	0.00	2
335	JOURNAL OF INTERVENTIONAL MEDICINE									
336	JOURNAL OF IRON AND STEEL RESEARCH INTERNATIONAL	1585	1.02	0.1	0.75	238	0.56	5.80	7.92	5
337	JOURNAL OF LEATHER SCIENCE AND ENGINEERING									
338	JOURNAL OF MAGNESIUM AND ALLOYS	2006	2.99	0.2	0.79	169	0.46	2.68	3.80	8
339	JOURNAL OF MANAGEMENT ANALYTICS									
340	JOURNAL OF MANAGEMENT SCIENCE AND ENGINEERING									
341	JOURNAL OF MARINE SCIENCE AND APPLICATION	283	0.41	0.4	0.68	118	0.38	2.62	7.69	4
342	JOURNAL OF MATERIALS SCIENCE & TECHNOLOGY	7692	2.05	0.6	0.70	614	0.70	9.75	3.78	7
343	JOURNAL OF MATERIOMICS	387	0.00	0.1	0.75	124	0.33	1.97	3.96	3
344	JOURNAL OF MATHEMATICAL RESEARCH WITH APPLICATIONS	111	0.11	0.0	0.98	67	0.31	1.29	13.68	3
345	JOURNAL OF MATHEMATICAL STUDY	42	0.00	0.0	0.95	33	0.17	0.63	14.75	2
346	JOURNAL OF MEASUREMENT SCIENCE AND INSTRUMENTATION	124	0.41	0.1	0.89	90	0.15	4.50	4.56	4
347	JOURNAL OF METEOROLOGICAL RESEARCH	709	0.99	0.1	0.92	159	0.82	4.82	6.43	7
348	JOURNAL OF MODERN POWER SYSTEMS AND CLEAN ENERGY									
349	JOURNAL OF MOLECULAR CELL BIOLOGY	488	0.45	0.2	0.96	296	0.47	6.88	5.83	6
350	JOURNAL OF MOLECULAR SCIENCE	225	0.48	0.1	0.90	156	0.29	3.71	6.05	4
351	JOURNAL OF MOUNTAIN SCIENCE	1216	0.65	0.1	0.80	397	0.63	10.45	5.92	5
352	JOURNAL OF NEURORESTORATOLOGY									
353	JOURNAL OF NORTHEAST AGRICULTURAL UNIVERSITY	82	0.11	0.0	0.94	67	0.21	1.97	7.50	3
354	JOURNAL OF NUTRITIONAL ONCOLOGY	91	1.24	0.1	0.89	10	0.07	0.23	3.72	3

序号	期刊名称	总被引频次	影响因子	即年指标	他引率	引用刊数	学科影响指标	学科扩散指标	被引半衰期	H指数
355	JOURNAL OF OCEAN ENGINEERING AND SCIENCE	278	0.00	0.1	0.24	47	0.18	1.38	3.70	0
356	JOURNAL OF OCEAN UNIVERSITY OF CHINA	582	0.38	0.1	0.92	240	0.65	7.06	6.48	4
357	JOURNAL OF OCEANOLOGY AND LIMNOLOGY	682	0.37	0.2	0.83	199	0.65	5.85	6.33	4
358	JOURNAL OF OTOLOGY	96	0.32	0.1	0.98	55	0.60	3.67	5.46	3
359	JOURNAL OF PALAEOGEOGRAPHY–ENGLISH	160	0.41	0.1	0.81	49	0.32	0.82	7.00	3
360	JOURNAL OF PANCREATOLOGY	24	0.24	0.0	0.83	14	0.05	0.67	4.33	2
361	JOURNAL OF PARTIAL DIFFERENTIAL EQUATIONS	33	0.06	0.0	0.88	19	0.19	0.37	18.50	1
362	JOURNAL OF PHARMACEUTICAL ANALYSIS	360	0.75	0.3	0.86	208	0.35	3.15	4.16	5
363	JOURNAL OF PLANT ECOLOGY	350	0.74	0.0	0.73	110	0.73	7.33	4.81	3
364	JOURNAL OF RARE EARTHS	1951	1.50	0.3	0.65	340	0.44	5.40	5.42	7
365	JOURNAL OF REMOTE SENSING									
366	JOURNAL OF RESOURCES AND ECOLOGY	733	1.49	0.2	0.91	333	0.28	4.50	5.04	7
367	JOURNAL OF ROAD ENGINEERING	47	0.00	0.3	0.64	14	0.17	0.61	2.57	3
368	JOURNAL OF ROCK MECHANICS AND GEOTECHNICAL ENGINEERING	1572	1.86	0.2	0.70	300	0.23	5.00	5.55	10
369	JOURNAL OF SAFETY AND RESILIENCE	31	0.00	0.1	0.77	23	0.06	0.74	3.12	2
370	JOURNAL OF SCIENCE IN SPORT AND EXERCISE									
371	JOURNAL OF SEMICONDUCTORS	758	0.79	0.4	0.69	190	0.36	2.84	4.76	3
372	JOURNAL OF SHANGHAI JIAOTONG UNIVERSITY (SCIENCE)	250	0.26	0.0	0.87	181	0.13	1.32	6.49	3
373	JOURNAL OF SOCIAL COMPUTING									
374	JOURNAL OF SOUTHEAST UNIVERSITY (ENGLISH EDITION)	261	0.38	0.1	0.90	188	0.08	1.37	7.60	4
375	JOURNAL OF SPORT AND HEALTH SCIENCE	506	1.05	0.2	0.84	227	0.71	5.04	4.67	7
376	JOURNAL OF SYSTEMATICS AND EVOLUTION	939	0.80	0.2	0.82	250	0.87	16.67	16.32	5
377	JOURNAL OF SYSTEMS ENGINEERING AND ELECTRONICS	943	0.82	0.1	0.82	299	0.23	3.83	6.05	6
378	JOURNAL OF SYSTEMS SCIENCE & COMPLEXITY	342	0.37	0.1	0.80	170	0.57	12.14	5.88	4
379	JOURNAL OF SYSTEMS SCIENCE AND INFORMATION	53	0.27	0.0	0.79	31	0.21	2.21	4.43	2
380	JOURNAL OF SYSTEMS SCIENCE AND SYSTEMS ENGINEERING	149	0.27	0.2	0.83	101	0.50	7.21	7.85	3
381	JOURNAL OF THE CHINESE NATION STUDIES									
382	JOURNAL OF THE NATIONAL CANCER CENTER									
383	JOURNAL OF THE OPERATIONS RESEARCH SOCIETY OF CHINA	82	0.00	0.1	0.87	49	0.25	0.94	4.86	2
384	JOURNAL OF THERMAL SCIENCE									
385	JOURNAL OF TRADITIONAL CHINESE MEDICAL SCIENCES	118	0.36	0.1	0.86	76	0.28	1.12	5.08	2
386	JOURNAL OF TRADITIONAL CHINESE MEDICINE	1233	1.16	0.2	0.96	412	0.91	6.06	5.68	6

序号	期刊名称	总被引频次	影响因子	即年指标	他引率	引用刊数	学科影响指标	学科扩散指标	被引半衰期	H指数
387	JOURNAL OF TRAFFIC AND TRANSPORTATION ENGINEERING ENGLISH EDITION	340	1.44	0.1	0.76	138	0.27	1.75	3.91	5
388	JOURNAL OF TRANSLATIONAL NEUROSCIENCE									
389	JOURNAL OF TROPICAL METEOROLOGY	165	0.53	0.2	0.75	54	0.08	2.16	5.55	3
390	JOURNAL OF WUHAN UNIVERSITY OF TECHNOLOGY–MATERIALS SCIENCE EDITION	791	0.38	0.0	0.76	298	0.49	4.73	8.35	4
391	JOURNAL OF ZHEJIANG UNIVERSITY–SCIENCE A	801	1.06	0.4	0.84	370	0.12	7.40	7.27	6
392	JOURNAL OF ZHEJIANG UNIVERSITY–SCIENCE B	1121	1.43	0.3	0.89	596	0.40	13.86	6.48	7
393	LANDSCAPE ARCHITECTURE FRONTIERS	402	0.95	0.1	0.96	162	0.27	1.13	4.90	6
394	LANGUAGE & SEMIOTIC STUDIES									
395	LAPAROSCOPIC, ENDOSCOPIC AND ROBOTIC SURGERY	15	0.10	0.1	0.67	9	0.03	0.29	3.25	0
396	LIFE METABOLISM									
397	LIGHT–SCIENCE & APPLICATIONS	2381	1.59	0.4	0.80	214	0.34	4.28	4.43	6
398	LIVER RESEARCH	98	0.41	0.1	0.79	63	0.38	3.00	5.26	2
399	LOW–CARBON MATERIALS AND GREEN CONSTRUCTION									
400	MACHINE INTELLIGENCE RESEARCH	268	1.02	0.1	0.75	153	0.18	1.96	4.76	5
401	MAGNETIC RESONANCE LETTERS	28	0.58	0.1	0.68	9	0.04	0.18	2.85	2
402	MALIGNANCY SPECTRUM									
403	MARINE LIFE SCIENCE & TECHNOLOGY									
404	MARINE SCIENCE BULLETIN	41	0.12	0.0	0.95	34	0.29	1.00	11.75	2
405	MATERIALS GENOME ENGINEERING ADVANCES									
406	MATERNAL–FETAL MEDICINE	21	0.20	0.0	0.90	12	0.36	0.86	2.95	2
407	MATTER AND RADIATION AT EXTREMES	51	0.00	0.0	0.63	19	0.11	1.06	4.21	3
408	MEDICAL REVIEW	1	0.02	0.0	1.00	1	0.00	0.01	0.00	1
409	MEDICINE PLUS									
410	MED–X									
411	MICROSYSTEMS & NANOENGINEERING									
412	MILITARY MEDICAL RESEARCH	512	2.22	0.2	0.95	307	0.22	34.11	3.85	5
413	MLIFE	36	0.00	0.3	0.47	15	0.23	1.15	2.22	1
414	MOLECULAR PLANT	4992	2.39	0.8	0.91	409	1.00	27.27	5.87	12
415	MYCOLOGY									
416	MYCOSPHERE	2198	10.00	1.6					5.20	
417	NANO BIOMEDICINE AND ENGINEERING									
418	NANO MATERIALS SCIENCE	174	1.18	0.4	0.63	68	0.21	1.08	3.73	3
419	NANO RESEARCH	6491	2.01	0.3	0.58	536	0.57	8.51	3.57	10
420	NANO RESEARCH ENERGY									
421	NANOMANUFACTURING AND METROLOGY									
422	NANO–MICRO LETTERS	2870	4.19	0.7	0.71	357	0.44	5.67	3.39	6
423	NANOTECHNOLOGY AND PRECISION ENGINEERING	177	0.31	0.0	0.95	127	0.08	2.02	9.18	3

序号	期刊名称	总被引频次	影响因子	即年指标	他引率	引用刊数	学科影响指标	学科扩散指标	被引半衰期	H指数
424	NATIONAL SCIENCE OPEN	49	0.00	0.6	0.45	22	0.05	0.21	0.00	2
425	NATIONAL SCIENCE REVIEW	2876	1.85	0.6	0.91	740	0.23	7.12	4.35	12
426	NATURAL PRODUCTS AND BIOPROSPECTING									
427	NEURAL REGENERATION RESEARCH	2612	1.01	0.3	0.85	685	0.75	17.13	4.37	10
428	NEUROPROTECTION									
429	NEUROSCIENCE BULLETIN	1121	1.05	0.3	0.77	427	0.78	10.68	4.70	7
430	NPJ COMPUTATIONAL MATERIALS									
431	NPJ FLEXIBLE ELECTRONICS									
432	NUCLEAR SCIENCE AND TECHNIQUES	1446	2.24	0.7	0.46	134	0.67	7.44	3.68	6
433	NUMERICAL MATHEMATICS–THEORY METHODS AND APPLICATIONS									
434	OIL CROP SCIENCE	74	0.42	0.1	0.86	48	0.22	1.17	4.38	3
435	ONCOLOGY AND TRANSLATIONAL MEDICINE	58	0.12	0.0	1.00	54	0.11	1.23	9.25	2
436	OPTO–ELECTRONIC ADVANCES	511	3.66	0.6	0.73	82	0.73	3.73	3.27	6
437	OPTO–ELECTRONIC SCIENCE	24	0.00	0.2	0.96	10	0.27	0.45	2.37	3
438	OPTOELECTRONICS LETTERS	261	0.45	0.0	0.80	92	0.59	4.18	4.34	3
439	PAPER AND BIOMATERIALS	158	0.71	0.2	0.99	33	0.20	0.66	6.00	3
440	PARTICUOLOGY	788	0.64	0.3	0.73	313	0.26	3.16	7.31	5
441	PEDIATRIC INVESTIGATION	86	0.40	0.0	0.99	73	0.56	4.56	4.21	3
442	PEDOSPHERE	1145	0.94	0.2	0.95	346	1.00	38.44	9.43	6
443	PEKING MATHEMATICAL JOURNAL									
444	PETROLEUM	198	0.39	0.1	0.73	91	0.32	1.00	5.89	2
445	PETROLEUM RESEARCH	30	0.00	0.0	0.63	19	0.10	0.21	4.00	2
446	PETROLEUM SCIENCE									
447	PHENOMICS									
448	PHOTONIC SENSORS	158	0.66	0.1	0.90	89	0.03	1.31	5.94	3
449	PHOTONICS RESEARCH	1656	0.00	0.2	0.81	175	0.95	7.95	4.23	6
450	PHYTOPATHOLOGY RESEARCH									
451	PLANT COMMUNICATIONS									
452	PLANT DIVERSITY	1725	1.44	0.6	0.93	391	0.87	26.07	21.06	9
453	PLANT PHENOMICS	176	0.00	0.3	0.41	41	0.07	2.73	3.64	5
454	PLASMA SCIENCE & TECHNOLOGY	905	0.51	0.1	0.68	207	0.50	11.50	6.04	4
455	PORTAL HYPERTENSION & CIRRHOSIS									
456	PRECISION CHEMISTRY									
457	PRECISION CLINICAL MEDICINE									
458	PROBABILITY, UNCERTAINTY AND QUANTITATIVE RISK	11	0.13	0.0	0.36	5	0.08	0.10	4.50	1
459	PROGRESS IN NATURAL SCIENCE–MATERIALS INTERNATIONAL	746	0.72	0.2	0.89	319	0.48	5.06	7.35	6
460	PROPULSION AND POWER RESEARCH									
461	PROTEIN & CELL	1205	2.68	0.3	0.95	525	0.67	12.21	5.12	9
462	QUANTITATIVE BIOLOGY	62	0.05	0.1	0.85	47	0.14	1.09	8.30	2
463	QUANTUM FRONTIERS									
464	RADIATION DETECTION TECHNOLOGY AND METHODS	140	0.00	0.1	0.65	31	0.39	1.72	4.28	3

序号	期刊名称	总被引频次	影响因子	即年指标	他引率	引用刊数	学科影响指标	学科扩散指标	被引半衰期	H指数
465	RADIATION MEDICINE AND PROTECTION	23	0.12	0.1	0.83	15	0.22	1.67	3.88	2
466	RADIOLOGY OF INFECTIOUS DISEASES									
467	RAILWAY ENGINEERING SCIENCE	198	1.02	0.1	0.83	94	0.33	2.19	4.81	4
468	RARE METALS	2529	1.71	0.2	0.59	316	0.59	7.71	3.72	6
469	REGENERATIVE BIOMATERIALS									
470	REGIONAL SUSTAINABILITY	50	0.66	0.1	0.84	38	0.02	0.22	3.42	3
471	REPRODUCTIVE AND DEVELOPMENTAL MEDICINE	22	0.06	0.0	1.00	19	0.29	1.36	5.60	1
472	RESEARCH	552	0.77	0.1	1.00	222	0.06	2.13	4.04	3
473	RESEARCH IN ASTRONOMY AND ASTROPHYSICS	909	0.45	0.1	0.48	116	1.00	19.33	5.25	4
474	RHEUMATOLOGY & AUTOIMMUNITY	3	0.06	0.0	1.00	2	0.00	0.22	0.00	1
475	RICE SCIENCE	421	0.93	0.2	0.82	153	0.44	3.73	5.68	5
476	ROCK MECHANICS BULLETIN									
477	SATELLITE NAVIGATION									
478	SCIENCE BULLETIN	4652	1.94	0.3	0.93	1025	0.27	9.86	4.99	11
479	SCIENCE CHINA–CHEMISTRY	2243	1.73	0.4	0.72	362	0.88	8.62	4.16	6
480	SCIENCE CHINA–EARTH SCIENCES	4035	1.91	0.3	0.88	508	0.88	20.32	10.57	12
481	SCIENCE CHINA–INFORMATION SCIENCES	1973	1.05	0.2	0.72	487	0.66	7.16	4.61	8
482	SCIENCE CHINA–LIFE SCIENCES	2544	2.07	0.7	0.80	840	0.70	19.53	4.66	12
483	SCIENCE CHINA–MATERIALS	1940	1.38	0.3	0.69	328	0.49	5.21	3.82	7
484	SCIENCE CHINA–MATHEMATICS	605	0.21	0.2	0.91	172	0.67	3.31	12.33	4
485	SCIENCE CHINA–PHYSICS MECHANICS & ASTRONOMY	1560	1.53	0.6	0.77	315	0.56	6.30	4.29	7
486	SCIENCE CHINA–TECHNOLOGICAL SCIENCES	2526	1.20	0.2	0.75	772	0.29	8.21	6.04	6
487	SCIENCE OF TRADITIONAL CHINESE MEDICINE									
488	SCIENCES IN COLD AND ARID REGIONS	130	0.26	0.0	0.95	81	0.24	2.13	7.25	3
489	SECURITY AND SAFETY	7	0.00	0.1	1.00	6	0.00	0.19	2.50	1
490	SEED BIOLOGY									
491	SHE JI: THE JOURNAL OF DESIGN, ECONOMICS, AND INNOVATION									
492	SIGNAL TRANSDUCTION AND TARGETED THERAPY	3859	2.95	0.5	0.91	847	0.86	19.25	3.48	18
493	SMARTMAT									
494	SOIL ECOLOGY LETTERS	126	0.97	0.1	0.70	53	0.67	5.89	3.57	3
495	SOLID EARTH SCIENCES									
496	SOUTH CHINA JOURNAL OF CARDIOLOGY	10	0.07	0.0	0.90	9	0.07	0.33	4.00	1
497	SPACE：SCIENCE & TECHNOLOGY	67	0.00	0.1	0.99	28	0.16	0.40	3.23	3
498	STATISTICAL THEORY AND RELATED FIELDS	13	0.08	0.1	0.62	8	0.06	0.15	3.70	1
499	STRESS BIOLOGY									
500	STROKE AND VASCULAR NEUROLOGY									
501	SUPERCONDUCTIVITY									
502	SURFACE SCIENCE AND TECHNOLOGY									
503	SUSMAT									

序号	期刊名称	总被引频次	影响因子	即年指标	他引率	引用刊数	学科影响指标	学科扩散指标	被引半衰期	H指数
504	SYNTHETIC AND SYSTEMS BIOTECHNOLOGY									
505	THE INTERNATIONAL JOURNAL OF INTELLIGENT CONTROL AND SYSTEMS									
506	THE JOURNAL OF BIOMEDICAL RESEARCH									
507	THE JOURNAL OF CHINA UNIVERSITIES OF POSTS AND TELECOMMUNICATIONS	124	0.21	0.0	0.98	97	0.15	1.45	7.54	3
508	THEORETICAL & APPLIED MECHANICS LETTERS	205	0.51	0.3	0.72	90	0.71	5.29	4.72	3
509	TRANSACTIONS OF NANJING UNIVERSITY OF AERONAUTICS AND ASTRONAUTICS	311	0.74	0.1	0.85	174	0.31	2.49	4.44	4
510	TRANSACTIONS OF NONFERROUS METALS SOCIETY OF CHINA	5200	1.80	0.2	0.78	613	0.83	14.95	7.66	9
511	TRANSACTIONS OF TIANJIN UNIVERSITY	248	1.09	0.0	0.90	131	0.09	0.96	5.12	3
512	TRANSLATIONAL NEURODEGENERATION	449	1.16	0.2	0.95	215	0.58	5.38	4.69	4
513	TRANSPORTATION SAFETY AND ENVIRONMENT									
514	TSINGHUA SCIENCE AND TECHNOLOGY	458	1.06	0.1	0.79	254	0.15	3.26	5.06	6
515	TUNGSTEN									
516	ULTRAFAST SCIENCE	119	0.00	0.3	0.75	28	0.28	0.56	2.81	3
517	UNDERGROUND SPACE	162	0.66	0.1	0.99	69	0.50	4.31	3.59	3
518	UNMANNED SYSTEMS	172	0.00	0.4	0.55	65	0.12	0.96	4.86	2
519	UROPRECISION	3	0.00	0.1	0.00	1	0.07	0.07	0.00	0
520	VERTEBRATA PALASIATICA	668	0.53	0.2	0.79	77	0.32	1.28	33.80	4
521	VIROLOGICA SINICA	727	1.09	0.1	0.87	291	0.77	22.38	4.34	6
522	VIRTUAL REALITY & INTELLIGENT HARDWARE, VRIH									
523	VISUAL COMPUTING FOR INDUSTRY, BIOMEDICINE AND ART									
524	VISUAL INFORMATICS	80	0.42	0.1	0.79	44	0.19	0.65	4.95	0
525	VISUAL INTELLIGENCE									
526	WASTE DISPOSAL & SUSTAINABLE ENERGY	38	0.22	0.0	0.84	26	0.11	0.35	4.36	2
527	WATER BIOLOGY AND SECURITY									
528	WATER SCIENCE AND ENGINEERING	216	0.61	0.1	0.83	124	0.42	1.70	6.12	4
529	WORLD JOURNAL OF ACUPUNCTURE-MOXIBUSTION	515	1.67	0.3	0.89	167	0.73	15.18	4.90	5
530	WORLD JOURNAL OF EMERGENCY MEDICINE	357	1.02	0.2	0.89	179	0.37	3.14	3.85	6
531	WORLD JOURNAL OF INTEGRATED TRADITIONAL AND WESTERN MEDICINE	44	0.00	0.0	0.73	33	0.13	2.20	4.54	2
532	WORLD JOURNAL OF OTORHINOLARYNGOLOGY–HEAD AND NECK SURGERY	92	0.40	0.0	0.98	66	0.67	4.40	4.46	3
533	WORLD JOURNAL OF PEDIATRIC SURGERY	21	0.00	0.0	0.86	16	0.13	1.00	2.86	1
534	WORLD JOURNAL OF PEDIATRICS	709	0.96	0.3	0.98	349	1.00	21.81	4.93	6
535	WORLD JOURNAL OF TRADITIONAL CHINESE MEDICINE	140	0.81	0.0	0.91	69	0.18	1.01	3.75	2
536	WUHAN UNIVERSITY JOURNAL OF NATURAL SCIENCES	139	0.18	0.1	0.81	90	0.03	0.59	8.64	3

序号	期刊名称	总被引频次	影响因子	即年指标	他引率	引用刊数	学科影响指标	学科扩散指标	被引半衰期	H指数
537	ZOOLOGICAL RESEARCH	1015	0.84	0.4	0.85	330	1.00	23.57	11.90	6
538	ZOOLOGICAL RESEARCH: DIVERSITY AND CONSERVATION									
539	ZOOLOGICAL SYSTEMATICS	347	0.28	0.0	0.95	122	0.71	8.71	18.35	5
540	ZTE COMMUNICATIONS	73	0.48	0.0	0.85	42	0.20	0.78	3.77	2

（注："空白"表示期刊无对应指标）

3 中国英文科技期刊在重要国际检索系统中的收录情况

文摘或数据库名称	主办或出版机构	更新时间
Web of Science – Science Citation Index Expanded （科学引文索引）	Clarivate Analytics （科睿唯安）	2024 年
EI Compendex （工程索引）	Elsevier Engineering Information Inc. （爱思唯尔工程信息公司）	2024 年
Scopus	Elsevier （爱思唯尔）	2024 年
Web of Science – Emerging Sources Citation Index （新兴资源引文索引）	Clarivate Analytics （科睿唯安）	2024 年

序号	期刊名称	SCIE	EI	Scopus	ESCI
1	ABIOTECH			*	*
2	ACTA BIOCHIMICA ET BIOPHYSICA SINICA	*		*	
3	ACTA EPILEPSY				
4	ACTA GEOCHIMICA		*	*	*
5	ACTA GEOLOGICA SINICA–ENGLISH EDITION	*		*	
6	ACTA MATHEMATICA SCIENTIA	*		*	
7	ACTA MATHEMATICA SINICA–ENGLISH SERIES	*		*	
8	ACTA MATHEMATICAE APPLICATAE SINICA–ENGLISH SERIES	*		*	
9	ACTA MECHANICA SINICA	*	*		
10	ACTA MECHANICA SOLIDA SINICA	*	*	*	
11	ACTA METALLURGICA SINICA–ENGLISH LETTERS	*	*	*	
12	ACTA OCEANOLOGICA SINICA	*		*	
13	ACTA PHARMACEUTICA SINICA B	*		*	
14	ACTA PHARMACOLOGICA SINICA	*		*	
15	ACUPUNCTURE AND HERBAL MEDICINE			*	
16	ADDITIVE MANUFACTURING FRONTIERS				
17	ADVANCED FIBER MATERIALS	*	*	*	
18	ADVANCED PHOTONICS	*		*	
19	ADVANCES IN APPLIED MATHEMATICS AND MECHANICS	*		*	
20	ADVANCES IN ATMOSPHERIC SCIENCES	*		*	
21	ADVANCES IN CLIMATE CHANGE RESEARCH	*		*	
22	ADVANCES IN MANUFACTURING	*	*	*	
23	ADVANCES IN METEOROLOGICAL SCIENCE AND TECHNOLOGY				
24	ADVANCES IN POLAR SCIENCE			*	

序号	期刊名称	SCIE	EI	Scopus	ESCI
25	AEROSPACE CHINA				
26	AEROSPACE SYSTEMS			*	
27	AGRICULTURAL SCIENCE & TECHNOLOGY				
28	AI IN CIVIL ENGINEERING				
29	ALGEBRA COLLOQUIUM	*		*	
30	ANALYSIS IN THEORY AND APPLICATIONS			*	*
31	ANIMAL DISEASES			*	*
32	ANIMAL MODELS AND EXPERIMENTAL MEDICINE			*	*
33	ANIMAL NUTRITION	*		*	
34	ANNALS OF APPLIED MATHEMATICS				
35	APPLIED GEOPHYSICS	*		*	
36	APPLIED MATHEMATICS AND MECHANICS–ENGLISH EDITION	*		*	
37	APPLIED MATHEMATICS–A JOURNAL OF CHINESE UNIVERSITIES SERIES B	*			
38	AQUACULTURE AND FISHERIES			*	
39	ARTIFICIAL INTELLIGENCE IN AGRICULTURE			*	*
40	ASIAN HERPETOLOGICAL RESEARCH	*		*	
41	ASIAN JOURNAL OF ANDROLOGY	*		*	
42	ASIAN JOURNAL OF PHARMACEUTICAL SCIENCES	*		*	
43	ASIAN JOURNAL OF UROLOGY			*	*
44	ASTRODYNAMICS			*	*
45	ASTRONOMICAL TECHNIQUES AND INSTRUMENTS				
46	ATMOSPHERIC AND OCEANIC SCIENCE LETTERS			*	*
47	AUTOMOTIVE INNOVATION		*	*	*
48	AUTONOMOUS INTELLIGENT SYSTEMS			*	
49	AVIAN RESEARCH	*		*	
50	BAOSTEEL TECHNICAL RESEARCH				
51	BIG DATA MINING AND ANALYTICS		*	*	*
52	BIG EARTH DATA			*	*
53	BIOACTIVE MATERIALS	*		*	
54	BIOCHAR	*		*	
55	BIO–DESIGN AND MANUFACTURING	*			
56	BIODESIGN RESEARCH			*	
57	BIOMATERIALS TRANSLATIONAL				
58	BIOMEDICAL AND ENVIRONMENTAL SCIENCES	*		*	
59	BIOMEDICAL ENGINEERING FRONTIERS				
60	BIOMIMETIC INTELLIGENCE AND ROBOTICS			*	
61	BIOPHYSICS REPORTS			*	
62	BIOSAFETY AND HEALTH			*	*
63	BIOSURFACE AND BIOTRIBOLOGY			*	*
64	BLOCKCHAIN: RESEARCH & APPLICATIONS				*

序号	期刊名称	SCIE	EI	Scopus	ESCI
65	BLOOD SCIENCE			*	*
66	BMEMAT（BIOMEDICAL ENGINEERING MATERIALS）				
67	BONE RESEARCH	*		*	
68	BRAIN NETWORK DISORDERS				
69	BRAIN SCIENCE ADVANCES				
70	BUILDING SIMULATION	*	*	*	
71	BUILT HERITAGE			*	
72	BULLETIN OF THE CHINESE ACADEMY OF SCIENCES				
73	CAAI ARTIFICIAL INTELLIGENCE RESEARCH	*			
74	CANCER BIOLOGY & MEDICINE	*			
75	CANCER COMMUNICATIONS	*		*	
76	CANCER INNOVATION				
77	CANCER PATHOGENESIS & THERAPY				
78	CARBON ENERGY	*		*	
79	CARDIOLOGY DISCOVERY			*	
80	CCF TRANSACTIONS ON HIGH PERFORMANCE COMPUTING		*	*	*
81	CCF TRANSACTIONS ON PERVASIVE COMPUTING AND INTERACTION			*	*
82	CCS CHEMISTRY			*	
83	CELL REGENERATION			*	*
84	CELL RESEARCH	*		*	
85	CELLULAR & MOLECULAR IMMUNOLOGY				
86	CHAIN				
87	CHEMICAL RESEARCH IN CHINESE UNIVERSITIES	*		*	
88	CHEMPHYSMATER			*	
89	CHINA CDC WEEKLY	*		*	
90	CHINA CHEMICAL REPORTER				
91	CHINA CITY PLANNING REVIEW				
92	CHINA COMMUNICATIONS	*		*	
93	CHINA DETERGENT & COSMETICS				
94	CHINA ELECTROTECHNICAL SOCIETY TRANSACTIONS ON ELECTRICAL MACHINES AND SYSTEMS				
95	CHINA ENVIRONMENT YEARBOOK				
96	CHINA FOUNDRY	*		*	
97	CHINA GEOLOGY			*	*
98	CHINA MEDICAL ABSTRACTS INTERN MEDICINE				
99	CHINA NONFERROUS METALS MONTHLY				
100	CHINA OCEAN ENGINEERING	*	*	*	
101	CHINA OIL & GAS				
102	CHINA PETROLEUM PROCESSING & PETROCHEMICAL TECHNOLOGY	*			

序号	期刊名称	SCIE	EI	Scopus	ESCI
103	CHINA POPULATION AND DEVELOPMENT STUDIES				
104	CHINA RARE EARTH INFORMATION				
105	CHINA STANDARDIZATION				
106	CHINA TEXTILE				
107	CHINA WELDING				
108	CHINA'S REFRACTORIES				
109	CHINESE ANNALS OF MATHEMATICS SERIES B	*			
110	CHINESE CHEMICAL LETTERS	*		*	
111	CHINESE GEOGRAPHICAL SCIENCE	*		*	
112	CHINESE HERBAL MEDICINES			*	*
113	CHINESE JOURNAL OF ACOUSTICS				
114	CHINESE JOURNAL OF AERONAUTICS	*	*	*	
115	CHINESE JOURNAL OF BIOMEDICAL ENGINEERING				
116	CHINESE JOURNAL OF CANCER RESEARCH	*		*	
117	CHINESE JOURNAL OF CATALYSIS	*	*	*	
118	CHINESE JOURNAL OF CHEMICAL ENGINEERING	*	*	*	
119	CHINESE JOURNAL OF CHEMICAL PHYSICS	*		*	
120	CHINESE JOURNAL OF CHEMISTRY	*		*	
121	CHINESE JOURNAL OF DENTAL RESEARCH				*
122	CHINESE JOURNAL OF ELECTRICAL ENGINEERING			*	
123	CHINESE JOURNAL OF ELECTRONICS	*	*	*	
124	CHINESE JOURNAL OF INTEGRATIVE MEDICINE	*		*	
125	CHINESE JOURNAL OF MECHANICAL ENGINEERING	*			
126	CHINESE JOURNAL OF NATURAL MEDICINES	*		*	
127	CHINESE JOURNAL OF NEONATOLOGY				
128	CHINESE JOURNAL OF PLASTIC AND RECONSTRUCTIVE SURGERY			*	
129	CHINESE JOURNAL OF POLYMER SCIENCE	*			
130	CHINESE JOURNAL OF POPULATION RESOURCES AND ENVIRONMENT			*	*
131	CHINESE JOURNAL OF STRUCTURAL CHEMISTRY	*			
132	CHINESE JOURNAL OF TRAUMATOLOGY				*
133	CHINESE JOURNAL OF URBAN AND ENVIRONMENTAL STUDIES			*	*
134	CHINESE MEDICAL JOURNAL	*			
135	CHINESE MEDICAL JOURNAL PULMONARY AND CRITICAL CARE MEDICINE			*	
136	CHINESE MEDICAL SCIENCES JOURNAL			*	
137	CHINESE MEDICINE AND CULTURE			*	
138	CHINESE MEDICINE AND NATURAL PRODUCTS				
139	CHINESE NEUROSURGICAL JOURNAL			*	
140	CHINESE NURSING FRONTIERS				

序号	期刊名称	SCIE	EI	Scopus	ESCI
141	CHINESE NURSING RESEARCH				
142	CHINESE OPTICS LETTERS	*	*	*	
143	CHINESE PHYSICS B	*	*	*	
144	CHINESE PHYSICS C	*		*	
145	CHINESE PHYSICS LETTERS	*		*	
146	CHINESE QUARTERLY JOURNAL OF MATHEMATICS				
147	CHINESE RAILWAYS				
148	CHIP			*	
149	CHRONIC DISEASES AND TRANSLATIONAL MEDICINE			*	
150	CLEAN ENERGY			*	*
151	CLINICAL TRADITIONAL MEDICINE AND PHARMACOLOGY				
152	COLLAGEN AND LEATHER			*	
153	COMMUNICATIONS IN MATHEMATICAL RESEARCH				
154	COMMUNICATIONS IN MATHEMATICS AND STATISTICS	*		*	
155	COMMUNICATIONS IN THEORETICAL PHYSICS	*		*	
156	COMMUNICATIONS IN TRANSPORTATION RESEARCH			*	*
157	COMMUNICATIONS ON APPLIED MATHEMATICS AND COMPUTATION		*	*	*
158	COMMUNICATIONS ON PURE AND APPLIED ANALYSIS			*	
159	COMPLEX SYSTEM MODELING AND SIMULATION		*	*	
160	COMPUTATIONAL VISUAL MEDIA	*	*	*	
161	CONTROL THEORY AND TECHNOLOGY		*	*	
162	CORROSION COMMUNICATIONS			*	
163	CROP JOURNAL	*			
164	CSEE JOURNAL OF POWER AND ENERGY SYSTEMS	*	*	*	
165	CIVIL ENGINEERING SCIENCES				
166	CURRENT MEDICAL SCIENCE	*		*	
167	CURRENT UROLOGY			*	*
168	CURRENT ZOOLOGY	*		*	
169	CYBERSECURITY			*	*
170	CYBORG AND BIONIC SYSTEMS			*	*
171	DATA INTELLIGENCE			*	
172	DATA SCIENCE AND ENGINEERING		*	*	*
173	DATA SCIENCE AND MANAGEMENT			*	
174	DEEP UNDERGROUND SCIENCE AND ENGINEERING	*		*	
175	DEFENCE TECHNOLOGY	*	*	*	
176	DIGITAL CHINESE MEDICINE			*	
177	DIGITAL COMMUNICATIONS AND NETWORKS	*		*	
178	DIGITAL TWIN				
179	EARTH AND PLANETARY PHYSICS			*	*

序号	期刊名称	SCIE	EI	Scopus	ESCI
180	EARTHQUAKE ENGINEERING AND ENGINEERING VIBRATION	*	*	*	
181	EARTHQUAKE RESEARCH ADVANCES			*	
182	EARTHQUAKE SCIENCE			*	
183	ECOLOGICAL ECONOMY				
184	ECOLOGICAL FRONTIERS				
185	ECOLOGICAL PROCESSES	*		*	
186	ECOSYSTEM HEALTH AND SUSTAINABILITY	*		*	
187	ELECTROCHEMICAL ENERGY REVIEWS	*		*	
188	ELECTROMAGNETIC SCIENCE				
189	ELIGHT			*	*
190	EMERGENCY AND CRITICAL CARE MEDICINE			*	
191	EMERGING CONTAMINANTS			*	*
192	ENERGY & ENVIRONMENTAL MATERIALS	*			
193	ENERGY GEOSCIENCE		*	*	
194	ENERGY MATERIAL ADVANCES			*	*
195	ENERGY STORAGE AND SAVING			*	
196	ENGINEERING	*		*	
197	ENGINEERING MICROBIOLOGY			*	
198	ENTOMOTAXONOMIA				
199	ENVIRONMENT & HEALTH				
200	ENVIRONMENTAL SCIENCE AND ECOTECHNOLOGY	*			
201	ESCIENCE			*	*
202	EXPERIMENTAL AND COMPUTATIONAL MULTIPHASE FLOW		*	*	*
203	EYE AND VISION	*		*	
204	FOOD QUALITY AND SAFETY	*		*	
205	FOOD SCIENCE AND HUMAN WELLNESS	*		*	
206	FOREST ECOSYSTEMS	*		*	
207	FRICTION	*	*	*	
208	FRIGID ZONE MEDICINE				
209	FRONTIERS IN ENERGY	*		*	
210	FRONTIERS OF AGRICULTURAL SCIENCE AND ENGINEERING			*	*
211	FRONTIERS OF ARCHITECTURAL RESEARCH			*	
212	FRONTIERS OF CHEMICAL SCIENCE AND ENGINEERING	*	*	*	
213	FRONTIERS OF COMPUTER SCIENCE	*	*	*	
214	FRONTIERS OF DIGITAL EDUCATION				
215	FRONTIERS OF EARTH SCIENCE	*		*	
216	FRONTIERS OF ENGINEERING MANAGEMENT				*
217	FRONTIERS OF ENVIRONMENTAL SCIENCE & ENGINEERING	*			

序号	期刊名称	SCIE	EI	Scopus	ESCI
218	FRONTIERS OF INFORMATION TECHNOLOGY & ELECTRONIC ENGINEERING	*	*		
219	FRONTIERS OF MATERIALS SCIENCE	*		*	
220	FRONTIERS OF MATHEMATICS IN CHINA	*		*	
221	FRONTIERS OF MECHANICAL ENGINEERING	*		*	
222	FRONTIERS OF MEDICINE	*		*	
223	FRONTIERS OF OPTOELECTRONICS		*	*	*
224	FRONTIERS OF PHYSICS	*		*	
225	FRONTIERS OF STRUCTURAL AND CIVIL ENGINEERING	*	*	*	
226	FUNDAMENTAL RESEARCH			*	*
227	FUNGAL DIVERSITY	*		*	
228	GASTROENTEROLOGY REPORT	*		*	
229	GENERAL PSYCHIATRY			*	*
230	GENES & DISEASES	*			
231	GENOMICS PROTEOMICS & BIOINFORMATICS	*			
232	GEODESY AND GEODYNAMICS		*	*	*
233	GEOGRAPHY AND SUSTAINABILITY			*	*
234	GEOHAZARD MECHANICS				
235	GEOSCIENCE FRONTIERS	*		*	
236	GEO-SPATIAL INFORMATION SCIENCE	*		*	
237	GLOBAL ENERGY INTERCONNECTION		*	*	*
238	GLOBAL GEOLOGY				
239	GLOBAL HEALTH JOURNAL			*	
240	GRAIN & OIL SCIENCE AND TECHNOLOGY				
241	GRASSLAND RESEARCH			*	
242	GREEN AND SMART MINING ENGINEERING				
243	GREEN CARBON				
244	GREEN CHEMICAL ENGINEERING		*	*	*
245	GREEN ENERGY & ENVIRONMENT	*			
246	GREEN ENERGY AND INTELLIGENT TRANSPORTATION			*	*
247	GUIDANCE, NAVIGATION AND CONTROL			*	
248	GUIDELINE AND STANDARD IN CHINESE MEDICINE				
249	GYNECOLOGY AND OBSTETRICS CLINICAL MEDICINE			*	
250	HEALTH DATA SCIENCE	*		*	
251	HEPATOBILIARY & PANCREATIC DISEASES INTERNATIONAL	*		*	
252	HIGH POWER LASER SCIENCE AND ENGINEERING	*		*	
253	HIGH TECHNOLOGY LETTERS		*	*	
254	HIGH VOLTAGE	*		*	
255	HIGH-SPEED RAILWAY				
256	HOLISTIC INTEGRATIVE ONCOLOGY				
257	HORTICULTURAL PLANT JOURNAL	*		*	

序号	期刊名称	SCIE	EI	Scopus	ESCI
258	HORTICULTURE RESEARCH	*		*	
259	IEEE-CAA JOURNAL OF AUTOMATICA SINICA	*			
260	IET CYBER-SYSTEMS AND ROBOTICS			*	*
261	ILIVER			*	
262	INFECTION CONTROL			*	
263	INFECTION INTERNATIONAL				
264	INFECTIOUS DISEASE MODELLING			*	*
265	INFECTIOUS DISEASES & IMMUNITY				
266	INFECTIOUS DISEASES OF POVERTY	*		*	
267	INFECTIOUS MEDICINE			*	
268	INFECTIOUS MICROBES & DISEASE				
269	INFOMAT	*		*	
270	INFORMATION PROCESSING IN AGRICULTURE		*	*	*
271	INNOVATION AND DEVELOPMENT POLICY				
272	INSECT SCIENCE	*		*	
273	INSTRUMENTATION				
274	INTEGRATIVE ZOOLOGY	*		*	
275	INTELLIGENT MEDICINE		*	*	*
276	INTERDISCIPLINARY MATERIALS				*
277	INTERDISCIPLINARY SCIENCES-COMPUTATIONAL LIFE SCIENCES	*			
278	INTERNATIONAL JOURNAL OF FLUID ENGINEERING				
279	INTERNATIONAL JOURNAL OF COAL SCIENCE & TECHNOLOGY				*
280	INTERNATIONAL JOURNAL OF DERMATOLOGY AND VENEREOLOGY			*	
281	INTERNATIONAL JOURNAL OF DIGITAL EARTH	*		*	
282	INTERNATIONAL JOURNAL OF DISASTER RISK SCIENCE	*		*	
283	INTERNATIONAL JOURNAL OF EXTREME MANUFACTURING	*		*	
284	INTERNATIONAL JOURNAL OF INNOVATION STUDIES			*	*
285	INTERNATIONAL JOURNAL OF MINERALS METALLURGY AND MATERIALS	*	*	*	
286	INTERNATIONAL JOURNAL OF MINING SCIENCE AND TECHNOLOGY	*	*	*	
287	INTERNATIONAL JOURNAL OF NURSING SCIENCES			*	
288	INTERNATIONAL JOURNAL OF ORAL SCIENCE	*		*	
289	INTERNATIONAL JOURNAL OF PLANT ENGINEERING AND MANAGEMENT				
290	INTERNATIONAL JOURNAL OF SEDIMENT RESEARCH	*		*	
291	INTERNATIONAL JOURNAL OF TRANSPORTATION SCIENCE AND TECHNOLOGY				*
292	INTERNATIONAL SOIL AND WATER CONSERVATION RESEARCH	*		*	

序号	期刊名称	SCIE	EI	Scopus	ESCI
293	JOURNAL OF ACUPUNCTURE AND TUINA SCIENCE			*	*
294	JOURNAL OF ADVANCED CERAMICS	*	*	*	
295	JOURNAL OF ADVANCED DIELECTRICS			*	*
296	JOURNAL OF ANALYSIS AND TESTING		*	*	*
297	JOURNAL OF ANIMAL SCIENCE AND BIOTECHNOLOGY	*		*	
298	JOURNAL OF ARID LAND	*		*	
299	JOURNAL OF AUTOMATION AND INTELLIGENCE				
300	JOURNAL OF BEIJING INSTITUTE OF TECHNOLOGY				
301	JOURNAL OF BIONIC ENGINEERING	*	*	*	
302	JOURNAL OF BIORESOURCES AND BIOPRODUCTS		*	*	
303	JOURNAL OF BIOSAFETY AND BIOSECURITY			*	
304	JOURNAL OF BIO-X RESEARCH			*	
305	JOURNAL OF CARDIO-ONCOLOGY				
306	JOURNAL OF CENTRAL SOUTH UNIVERSITY	*		*	
307	JOURNAL OF CENTRAL SOUTH UNIVERSITY (SCIENCE AND TECHNOLOGY)		*		
308	JOURNAL OF CEREBROVASCULAR DISEASE				
309	JOURNAL OF CHINESE PHARMACEUTICAL SCIENCES			*	
310	JOURNAL OF COMMUNICATIONS AND INFORMATION NETWORKS		*	*	
311	JOURNAL OF COMPUTATIONAL MATHEMATICS	*		*	
312	JOURNAL OF COMPUTER SCIENCE AND TECHNOLOGY	*			
313	JOURNAL OF CONTROL AND DECISION			*	*
314	JOURNAL OF COTTON RESEARCH			*	
315	JOURNAL OF DATA AND INFORMATION SCIENCE			*	*
316	JOURNAL OF DONGHUA UNIVERSITY(ENGLISH EDITION)				
317	JOURNAL OF EARTH SCIENCE	*		*	
318	JOURNAL OF ELECTRONIC SCIENCE AND TECHNOLOGY		*	*	
319	JOURNAL OF ENERGY CHEMISTRY	*	*	*	
320	JOURNAL OF ENVIRONMENTAL ACCOUNTING AND MANAGEMENT			*	*
321	JOURNAL OF ENVIRONMENTAL SCIENCES	*		*	
322	JOURNAL OF FORESTRY RESEARCH	*		*	
323	JOURNAL OF GENETICS AND GENOMICS	*		*	
324	JOURNAL OF GEODESY AND GEOINFORMATION SCIENCE				
325	JOURNAL OF GEOGRAPHICAL SCIENCES	*		*	
326	JOURNAL OF GERIATRIC CARDIOLOGY	*		*	
327	JOURNAL OF HARBIN INSTITUTE OF TECHNOLOGY		*		
328	JOURNAL OF HYDRODYNAMICS	*	*	*	
329	JOURNAL OF INFORMATION AND INTELLIGENCE				

序号	期刊名称	SCIE	EI	Scopus	ESCI
330	JOURNAL OF INNOVATIVE OPTICAL HEALTH SCIENCES	*		*	
331	JOURNAL OF INTEGRATIVE AGRICULTURE	*		*	
332	JOURNAL OF INTEGRATIVE MEDICINE–JIM	*		*	
333	JOURNAL OF INTEGRATIVE PLANT BIOLOGY	*		*	
334	JOURNAL OF INTENSIVE MEDICINE			*	
335	JOURNAL OF INTERVENTIONAL MEDICINE			*	
336	JOURNAL OF IRON AND STEEL RESEARCH INTERNATIONAL	*	*	*	
337	JOURNAL OF LEATHER SCIENCE AND ENGINEERING			*	
338	JOURNAL OF MAGNESIUM AND ALLOYS	*	*	*	
339	JOURNAL OF MANAGEMENT ANALYTICS			*	
340	JOURNAL OF MANAGEMENT SCIENCE AND ENGINEERING			*	*
341	JOURNAL OF MARINE SCIENCE AND APPLICATION			*	*
342	JOURNAL OF MATERIALS SCIENCE & TECHNOLOGY	*			
343	JOURNAL OF MATERIOMICS	*		*	
344	JOURNAL OF MATHEMATICAL RESEARCH WITH APPLICATIONS				
345	JOURNAL OF MATHEMATICAL STUDY				*
346	JOURNAL OF MEASUREMENT SCIENCE AND INSTRUMENTATION				
347	JOURNAL OF METEOROLOGICAL RESEARCH	*			
348	JOURNAL OF MODERN POWER SYSTEMS AND CLEAN ENERGY	*	*	*	
349	JOURNAL OF MOLECULAR CELL BIOLOGY	*		*	
350	JOURNAL OF MOLECULAR SCIENCE			*	
351	JOURNAL OF MOUNTAIN SCIENCE	*		*	
352	JOURNAL OF NEURORESTORATOLOGY			*	*
353	JOURNAL OF NORTHEAST AGRICULTURAL UNIVERSITY				
354	JOURNAL OF NUTRITIONAL ONCOLOGY				
355	JOURNAL OF OCEAN ENGINEERING AND SCIENCE	*		*	
356	JOURNAL OF OCEAN UNIVERSITY OF CHINA	*		*	
357	JOURNAL OF OCEANOLOGY AND LIMNOLOGY	*		*	
358	JOURNAL OF OTOLOGY			*	*
359	JOURNAL OF PALAEOGEOGRAPHY–ENGLISH	*		*	
360	JOURNAL OF PANCREATOLOGY			*	*
361	JOURNAL OF PARTIAL DIFFERENTIAL EQUATIONS				
362	JOURNAL OF PHARMACEUTICAL ANALYSIS	*		*	
363	JOURNAL OF PLANT ECOLOGY	*		*	
364	JOURNAL OF RARE EARTHS	*	*	*	
365	JOURNAL OF REMOTE SENSING		*		*
366	JOURNAL OF RESOURCES AND ECOLOGY			*	

序号	期刊名称	SCIE	EI	Scopus	ESCI
367	JOURNAL OF ROAD ENGINEERING			*	
368	JOURNAL OF ROCK MECHANICS AND GEOTECHNICAL ENGINEERING	*		*	
369	JOURNAL OF SAFETY AND RESILIENCE				
370	JOURNAL OF SCIENCE IN SPORT AND EXERCISE			*	*
371	JOURNAL OF SEMICONDUCTORS		*	*	*
372	JOURNAL OF SHANGHAI JIAOTONG UNIVERSITY (SCIENCE)		*	*	
373	JOURNAL OF SOCIAL COMPUTING		*	*	
374	JOURNAL OF SOUTHEAST UNIVERSITY (ENGLISH EDITION)		*	*	
375	JOURNAL OF SPORT AND HEALTH SCIENCE	*		*	
376	JOURNAL OF SYSTEMATICS AND EVOLUTION	*		*	
377	JOURNAL OF SYSTEMS ENGINEERING AND ELECTRONICS	*	*	*	
378	JOURNAL OF SYSTEMS SCIENCE & COMPLEXITY	*	*	*	
379	JOURNAL OF SYSTEMS SCIENCE AND INFORMATION			*	
380	JOURNAL OF SYSTEMS SCIENCE AND SYSTEMS ENGINEERING	*	*	*	
381	JOURNAL OF THE CHINESE NATION STUDIES				
382	JOURNAL OF THE NATIONAL CANCER CENTER			*	*
383	JOURNAL OF THE OPERATIONS RESEARCH SOCIETY OF CHINA		*	*	
384	JOURNAL OF THERMAL SCIENCE	*	*	*	
385	JOURNAL OF TRADITIONAL CHINESE MEDICAL SCIENCES			*	
386	JOURNAL OF TRADITIONAL CHINESE MEDICINE	*		*	
387	JOURNAL OF TRAFFIC AND TRANSPORTATION ENGINEERING ENGLISH EDITION				*
388	JOURNAL OF TRANSLATIONAL NEUROSCIENCE				
389	JOURNAL OF TROPICAL METEOROLOGY	*		*	
390	JOURNAL OF WUHAN UNIVERSITY OF TECHNOLOGY–MATERIALS SCIENCE EDITION	*			
391	JOURNAL OF ZHEJIANG UNIVERSITY–SCIENCE A	*			
392	JOURNAL OF ZHEJIANG UNIVERSITY–SCIENCE B	*			
393	LANDSCAPE ARCHITECTURE FRONTIERS				*
394	LANGUAGE & SEMIOTIC STUDIES				
395	LAPAROSCOPIC, ENDOSCOPIC AND ROBOTIC SURGERY				
396	LIFE METABOLISM			*	
397	LIGHT–SCIENCE & APPLICATIONS	*	*		
398	LIVER RESEARCH			*	*
399	LOW–CARBON MATERIALS AND GREEN CONSTRUCTION				
400	MACHINE INTELLIGENCE RESEARCH		*	*	*
401	MAGNETIC RESONANCE LETTERS			*	*

序号	期刊名称	SCIE	EI	Scopus	ESCI
402	MALIGNANCY SPECTRUM				
403	MARINE LIFE SCIENCE & TECHNOLOGY	*			
404	MARINE SCIENCE BULLETIN				
405	MATERIALS GENOME ENGINEERING ADVANCES				
406	MATERNAL–FETAL MEDICINE			*	*
407	MATTER AND RADIATION AT EXTREMES	*	*	*	
408	MEDICAL REVIEW			*	
409	MEDICINE PLUS				
410	MED–X				
411	MICROSYSTEMS & NANOENGINEERING	*			
412	MILITARY MEDICAL RESEARCH	*		*	
413	MLIFE			*	*
414	MOLECULAR PLANT	*		*	
415	MYCOLOGY			*	*
416	MYCOSPHERE	*		*	
417	NANO BIOMEDICINE AND ENGINEERING			*	
418	NANO MATERIALS SCIENCE		*	*	
419	NANO RESEARCH	*	*	*	
420	NANO RESEARCH ENERGY			*	
421	NANOMANUFACTURING AND METROLOGY			*	
422	NANO–MICRO LETTERS	*	*	*	
423	NANOTECHNOLOGY AND PRECISION ENGINEERING		*	*	*
424	NATIONAL SCIENCE OPEN				
425	NATIONAL SCIENCE REVIEW	*		*	
426	NATURAL PRODUCTS AND BIOPROSPECTING			*	*
427	NEURAL REGENERATION RESEARCH	*		*	
428	NEUROPROTECTION				
429	NEUROSCIENCE BULLETIN	*		*	
430	NPJ COMPUTATIONAL MATERIALS	*		*	
431	NPJ FLEXIBLE ELECTRONICS	*		*	
432	NUCLEAR SCIENCE AND TECHNIQUES	*			
433	NUMERICAL MATHEMATICS–THEORY METHODS AND APPLICATIONS	*			
434	OIL CROP SCIENCE			*	
435	ONCOLOGY AND TRANSLATIONAL MEDICINE				
436	OPTO–ELECTRONIC ADVANCES	*	*	*	
437	OPTO–ELECTRONIC SCIENCE				
438	OPTOELECTRONICS LETTERS		*	*	*
439	PAPER AND BIOMATERIALS			*	
440	PARTICUOLOGY	*	*	*	
441	PEDIATRIC INVESTIGATION			*	*

序号	期刊名称	SCIE	EI	Scopus	ESCI
442	PEDOSPHERE	*		*	
443	PEKING MATHEMATICAL JOURNAL				
444	PETROLEUM		*	*	*
445	PETROLEUM RESEARCH		*	*	*
446	PETROLEUM SCIENCE	*	*	*	
447	PHENOMICS				*
448	PHOTONIC SENSORS	*	*	*	
449	PHOTONICS RESEARCH	*		*	
450	PHYTOPATHOLOGY RESEARCH	*		*	
451	PLANT COMMUNICATIONS	*		*	
452	PLANT DIVERSITY	*		*	
453	PLANT PHENOMICS	*		*	
454	PLASMA SCIENCE & TECHNOLOGY	*	*	*	
455	PORTAL HYPERTENSION & CIRRHOSIS				
456	PRECISION CHEMISTRY			*	
457	PRECISION CLINICAL MEDICINE			*	*
458	PROBABILITY, UNCERTAINTY AND QUANTITATIVE RISK			*	*
459	PROGRESS IN NATURAL SCIENCE–MATERIALS INTERNATIONAL	*	*	*	
460	PROPULSION AND POWER RESEARCH	*		*	
461	PROTEIN & CELL	*			
462	QUANTITATIVE BIOLOGY			*	*
463	QUANTUM FRONTIERS				
464	RADIATION DETECTION TECHNOLOGY AND METHODS			*	*
465	RADIATION MEDICINE AND PROTECTION			*	
466	RADIOLOGY OF INFECTIOUS DISEASES				
467	RAILWAY ENGINEERING SCIENCE			*	*
468	RARE METALS	*	*	*	
469	REGENERATIVE BIOMATERIALS	*		*	
470	REGIONAL SUSTAINABILITY			*	*
471	REPRODUCTIVE AND DEVELOPMENTAL MEDICINE			*	*
472	RESEARCH	*		*	
473	RESEARCH IN ASTRONOMY AND ASTROPHYSICS	*		*	
474	RHEUMATOLOGY & AUTOIMMUNITY				*
475	RICE SCIENCE	*		*	
476	ROCK MECHANICS BULLETIN			*	
477	SATELLITE NAVIGATION	*	*	*	
478	SCIENCE BULLETIN	*	*	*	
479	SCIENCE CHINA–CHEMISTRY	*	*	*	
480	SCIENCE CHINA–EARTH SCIENCES	*	*	*	
481	SCIENCE CHINA–INFORMATION SCIENCES	*	*	*	

序号	期刊名称	SCIE	EI	Scopus	ESCI
482	SCIENCE CHINA–LIFE SCIENCES	*		*	
483	SCIENCE CHINA–MATERIALS	*	*	*	
484	SCIENCE CHINA–MATHEMATICS	*		*	
485	SCIENCE CHINA–PHYSICS MECHANICS & ASTRONOMY	*			
486	SCIENCE CHINA–TECHNOLOGICAL SCIENCES	*	*	*	
487	SCIENCE OF TRADITIONAL CHINESE MEDICINE				
488	SCIENCES IN COLD AND ARID REGIONS			*	
489	SECURITY AND SAFETY				
490	SEED BIOLOGY			*	
491	SHE JI: THE JOURNAL OF DESIGN, ECONOMICS, AND INNOVATION				*
492	SIGNAL TRANSDUCTION AND TARGETED THERAPY	*		*	
493	SMARTMAT			*	*
494	SOIL ECOLOGY LETTERS			*	*
495	SOLID EARTH SCIENCES			*	*
496	SOUTH CHINA JOURNAL OF CARDIOLOGY				
497	SPACE：SCIENCE & TECHNOLOGY				
498	STATISTICAL THEORY AND RELATED FIELDS			*	*
499	STRESS BIOLOGY			*	*
500	STROKE AND VASCULAR NEUROLOGY	*			
501	SUPERCONDUCTIVITY			*	*
502	SURFACE SCIENCE AND TECHNOLOGY				
503	SUSMAT				
504	SYNTHETIC AND SYSTEMS BIOTECHNOLOGY	*		*	
505	THE INTERNATIONAL JOURNAL OF INTELLIGENT CONTROL AND SYSTEMS				
506	THE JOURNAL OF BIOMEDICAL RESEARCH				*
507	THE JOURNAL OF CHINA UNIVERSITIES OF POSTS AND TELECOMMUNICATIONS				
508	THEORETICAL & APPLIED MECHANICS LETTERS				*
509	TRANSACTIONS OF NANJING UNIVERSITY OF AERONAUTICS AND ASTRONAUTICS		*	*	
510	TRANSACTIONS OF NONFERROUS METALS SOCIETY OF CHINA	*			
511	TRANSACTIONS OF TIANJIN UNIVERSITY		*	*	*
512	TRANSLATIONAL NEURODEGENERATION	*		*	
513	TRANSPORTATION SAFETY AND ENVIRONMENT			*	
514	TSINGHUA SCIENCE AND TECHNOLOGY	*	*	*	
515	TUNGSTEN		*	*	*
516	ULTRAFAST SCIENCE			*	*
517	UNDERGROUND SPACE	*		*	
518	UNMANNED SYSTEMS			*	*
519	UROPRECISION				

序号	期刊名称	SCIE	EI	Scopus	ESCI
520	VERTEBRATA PALASIATICA				
521	VIROLOGICA SINICA	*		*	
522	VIRTUAL REALITY & INTELLIGENT HARDWARE, VRIH				
523	VISUAL COMPUTING FOR INDUSTRY, BIOMEDICINE AND ART				
524	VISUAL INFORMATICS			*	*
525	VISUAL INTELLIGENCE				
526	WASTE DISPOSAL & SUSTAINABLE ENERGY				*
527	WATER BIOLOGY AND SECURITY			*	*
528	WATER SCIENCE AND ENGINEERING		*	*	*
529	WORLD JOURNAL OF ACUPUNCTURE–MOXIBUSTION				*
530	WORLD JOURNAL OF EMERGENCY MEDICINE	*		*	
531	WORLD JOURNAL OF INTEGRATED TRADITIONAL AND WESTERN MEDICINE				
532	WORLD JOURNAL OF OTORHINOLARYNGOLOGY–HEAD AND NECK SURGERY				*
533	WORLD JOURNAL OF PEDIATRIC SURGERY			*	*
534	WORLD JOURNAL OF PEDIATRICS	*		*	
535	WORLD JOURNAL OF TRADITIONAL CHINESE MEDICINE			*	*
536	WUHAN UNIVERSITY JOURNAL OF NATURAL SCIENCES			*	
537	ZOOLOGICAL RESEARCH	*		*	
538	ZOOLOGICAL RESEARCH: DIVERSITY AND CONSERVATION				
539	ZOOLOGICAL SYSTEMATICS			*	
540	ZTE COMMUNICATIONS				

（注：“*”表示收录）

4 中国英文科技期刊国际累计被引用情况

序号	期刊名称	被引篇数	被引次数	单篇被引最高次数	2021—2022年被引次数	2021—2022年论文数	2021—2022年篇均被引次数
1	ABIOTECH	152	1166	81	593	27	21.96
2	ACTA BIOCHIMICA ET BIOPHYSICA SINICA	747	3641	63	0	361	0.00
3	ACTA EPILEPSY	2	7	6	0	69	0.00
4	ACTA GEOCHIMICA	1031	7150	96	506	145	3.49
5	ACTA GEOLOGICA SINICA–ENGLISH EDITION	9542	65556	209	2662	334	7.97
6	ACTA MATHEMATICA SCIENTIA	3633	22954	2011	953	267	3.57
7	ACTA MATHEMATICA SINICA–ENGLISH SERIES	3130	9934	104	59	263	0.22
8	ACTA MATHEMATICAE APPLICATAE SINICA–ENGLISH SERIES	985	3757	142	19	134	0.14
9	ACTA MECHANICA SINICA	4030	35034	491	2945	302	9.75
10	ACTA MECHANICA SOLIDA SINICA	2061	16456	822	848	161	5.27
11	ACTA METALLURGICA SINICA–ENGLISH LETTERS	9273	40440	348	1723	299	5.76
12	ACTA OCEANOLOGICA SINICA	5178	28301	105	1380	358	3.85
13	ACTA PHARMACEUTICA SINICA B	2464	69960	1409	20704	575	36.01
14	ACTA PHARMACOLOGICA SINICA	7340	148048	1355	10047	389	25.83
15	ACUPUNCTURE AND HERBAL MEDICINE	39	173	27	120	39	3.08
16	ADDITIVE MANUFACTURING FRONTIERS	8	8	1	3	—	
17	ADVANCED FIBER MATERIALS	432	11414	272	5741	132	43.49
18	ADVANCED PHOTONICS	388	8872	414	3801	65	58.48
19	ADVANCES IN APPLIED MATHEMATICS AND MECHANICS	771	6494	153	658	586	1.12
20	ADVANCES IN ATMOSPHERIC SCIENCES	3071	56536	555	4593	323	14.22
21	ADVANCES IN CLIMATE CHANGE RESEARCH	931	12302	242	2585	172	15.03
22	ADVANCES IN MANUFACTURING	487	8365	864	1265	88	14.38
23	ADVANCES IN METEOROLOGICAL SCIENCE AND TECHNOLOGY	96	213	11	9	256	0.04
24	ADVANCES IN POLAR SCIENCE	277	1108	27	50	62	0.81
25	AEROSPACE CHINA	0	0	0	0	61	0.00
26	AEROSPACE SYSTEMS	62	136	27	44	134	0.33
27	AGRICULTURAL SCIENCE & TECHNOLOGY	179	246	8	2	64	0.03
28	AI IN CIVIL ENGINEERING	11	39	15	6	—	
29	ALGEBRA COLLOQUIUM	1092	6691	135	94	102	0.92

序号	期刊名称	被引篇数	被引次数	单篇被引最高次数	2021—2022年被引次数	2021—2022年论文数	2021—2022年篇均被引次数
30	ANALYSIS IN THEORY AND APPLICATIONS	137	433	43	62	49	1.27
31	ANIMAL DISEASES	110	427	44	325	85	3.82
32	ANIMAL MODELS AND EXPERIMENTAL MEDICINE	282	3237	206	943	128	7.37
33	ANIMAL NUTRITION	1437	21579	454	4613	288	16.02
34	ANNALS OF APPLIED MATHEMATICS	13	20	3	0	28	0.00
35	APPLIED GEOPHYSICS	1157	9485	1341	176	244	0.72
36	APPLIED MATHEMATICS AND MECHANICS–ENGLISH EDITION	0	0	0	0	605	0.00
37	APPLIED MATHEMATICS–A JOURNAL OF CHINESE UNIVERSITIES SERIES B	0	0	0	0	84	0.00
38	AQUACULTURE AND FISHERIES	499	4921	237	1329	214	6.21
39	ARTIFICIAL INTELLIGENCE IN AGRICULTURE	159	3268	343	1043	52	20.06
40	ASIAN HERPETOLOGICAL RESEARCH	402	2883	68	204	60	3.40
41	ASIAN JOURNAL OF ANDROLOGY	2839	55666	390	1507	204	7.39
42	ASIAN JOURNAL OF PHARMACEUTICAL SCIENCES	747	23618	709	3394	125	27.15
43	ASIAN JOURNAL OF UROLOGY	440	4694	201	567	50	11.34
44	ASTRODYNAMICS	319	2845	183	540	76	7.11
45	ASTRONOMICAL TECHNIQUES AND INSTRUMENTS	1	1	1	0	124	0.00
46	ATMOSPHERIC AND OCEANIC SCIENCE LETTERS	999	9067	215	757	131	5.78
47	AUTOMOTIVE INNOVATION	236	2428	100	967	76	12.72
48	AUTONOMOUS INTELLIGENT SYSTEMS	42	168	34	157	40	3.93
49	AVIAN RESEARCH	474	3235	99	549	135	4.07
50	BAOSTEEL TECHNICAL RESEARCH	48	67	4	0	53	0.00
51	BIG DATA MINING AND ANALYTICS	196	3667	276	1325	95	13.95
52	BIG EARTH DATA	0	0	0	0	148	0.00
53	BIOACTIVE MATERIALS	1759	70562	1231	38453	440	87.39
54	BIOCHAR	430	9222	408	4129	125	33.03
55	BIO–DESIGN AND MANUFACTURING	282	5274	160	2469	134	18.43
56	BIODESIGN RESEARCH					39	0.00
57	BIOMATERIALS TRANSLATIONAL	96	847	46	599	54	11.09
58	BIOMEDICAL AND ENVIRONMENTAL SCIENCES	2557	35056	1497	1026	287	3.57
59	BIOMEDICAL ENGINEERING FRONTIERS	0	0	0	0	45	0.00
60	BIOMIMETIC INTELLIGENCE AND ROBOTICS	38	140	26	66	41	1.61
61	BIOPHYSICS REPORTS	197	2127	96	173	63	2.75
62	BIOSAFETY AND HEALTH	226	2165	200	1017	95	10.71
63	BIOSURFACE AND BIOTRIBOLOGY	135	1609	287	164	74	2.22
64	BLOCKCHAIN: RESEARCH & APPLICATIONS	0	0	0	0	60	0.00
65	BLOOD SCIENCE					59	0.00

序号	期刊名称	被引篇数	被引次数	单篇被引最高次数	2021—2022年被引次数	2021—2022年论文数	2021—2022年篇均被引次数
66	BMEMAT（BIOMEDICAL ENGINEERING MATERIALS）	0	0	0	0	—	
67	BONE RESEARCH	596	25277	1101	3935	111	35.45
68	BRAIN NETWORK DISORDERS	0	0	0	0	—	
69	BRAIN SCIENCE ADVANCES	40	359	56	40	38	1.05
70	BUILDING SIMULATION	1872	21403	342	4104	209	19.64
71	BUILT HERITAGE	128	358	23	91	106	0.86
72	BULLETIN OF THE CHINESE ACADEMY OF SCIENCES	834	4278	97	812	—	
73	CAAI ARTIFICIAL INTELLIGENCE RESEARCH					13	0.00
74	CANCER BIOLOGY & MEDICINE	640	14708	989	2533	132	19.19
75	CANCER COMMUNICATIONS		5020			—	
76	CANCER INNOVATION					21	0.00
77	CANCER PATHOGENESIS & THERAPY					—	
78	CARBON ENERGY	537	16348	342	6607	139	47.53
79	CARDIOLOGY DISCOVERY	16	43	7	33	72	0.46
80	CCF TRANSACTIONS ON HIGH PERFORMANCE COMPUTING	143	468	33	201	33	6.09
81	CCF TRANSACTIONS ON PERVASIVE COMPUTING AND INTERACTION	116	771	74	296	32	9.25
82	CCS CHEMISTRY	1243	24288	286	14995	608	24.66
83	CELL REGENERATION	119	795	41	635	43	14.77
84	CELL RESEARCH	4572	251906	4054	11731	199	58.95
85	CELLULAR & MOLECULAR IMMUNOLOGY	2203	86639	1324	16172	399	40.53
86	CHAIN	63	84	6	5	—	
87	CHEMICAL RESEARCH IN CHINESE UNIVERSITIES	4000	23568	145	2770	333	8.32
88	CHEMPHYSMATER	108	553	56	316	32	9.88
89	CHINA CDC WEEKLY	915	8110	2216	3347	495	6.76
90	CHINA CHEMICAL REPORTER	47	56	3	0	70	0.00
91	CHINA CITY PLANNING REVIEW	194	318	18	33	66	0.50
92	CHINA COMMUNICATIONS	3071	27868	445	3559	478	7.45
93	CHINA DETERGENT & COSMETICS	2	2	1	0	111	0.00
94	CHINA ELECTROTECHNICAL SOCIETY TRANSACTIONS ON ELECTRICAL MACHINES AND SYSTEMS	0	0	0	0	61	0.00
95	CHINA ENVIRONMENT YEARBOOK	56	70	6	0	—	
96	CHINA FOUNDRY	1213	5944	65	586	133	4.41
97	CHINA GEOLOGY	379	3994	750	1063	111	9.58
98	CHINA MEDICAL ABSTRACTS INTERN MEDICINE	0	0	0	0	0	
99	CHINA NONFERROUS METALS MONTHLY	4	5	2	0	0	
100	CHINA OCEAN ENGINEERING	1626	11174	100	743	167	4.45
101	CHINA OIL & GAS	28	32	3	2	110	0.02

序号	期刊名称	被引篇数	被引次数	单篇被引最高次数	2021—2022年被引次数	2021—2022年论文数	2021—2022年篇均被引次数
102	CHINA PETROLEUM PROCESSING & PETROCHEMICAL TECHNOLOGY	680	2270	22	169	126	1.34
103	CHINA POPULATION AND DEVELOPMENT STUDIES	69	373	36	85	49	1.73
104	CHINA RARE EARTH INFORMATION	0	0	0	0	12	0.00
105	CHINA STANDARDIZATION	230	265	4	33	11	3.00
106	CHINA TEXTILE	56	62	2	0	27	0.00
107	CHINA WELDING	342	692	30	6	63	0.10
108	CHINA'S REFRACTORIES	0	0	0	0	67	0.00
109	CHINESE ANNALS OF MATHEMATICS SERIES B	7	20	13	0	124	0.00
110	CHINESE CHEMICAL LETTERS	10820	148680	273	33621	1861	18.07
111	CHINESE GEOGRAPHICAL SCIENCE	1719	19847	171	1214	147	8.26
112	CHINESE HERBAL MEDICINES	851	6157	98	1310	126	10.40
113	CHINESE JOURNAL OF ACOUSTICS	228	366	10	15	71	0.21
114	CHINESE JOURNAL OF AERONAUTICS	4079	55173	337	11264	718	15.69
115	CHINESE JOURNAL OF BIOMEDICAL ENGINEERING	1028	1769	20	41	40	1.03
116	CHINESE JOURNAL OF CANCER RESEARCH	1245	18114	931	1196	123	9.72
117	CHINESE JOURNAL OF CATALYSIS	5207	110083	832	20140	476	42.31
118	CHINESE JOURNAL OF CHEMICAL ENGINEERING	5324	68468	252	7778	804	9.67
119	CHINESE JOURNAL OF CHEMICAL PHYSICS	2208	12187	147	570	206	2.77
120	CHINESE JOURNAL OF CHEMISTRY	6675	67815	359	9254	705	13.13
121	CHINESE JOURNAL OF DENTAL RESEARCH	328	2848	110	142	53	2.68
122	CHINESE JOURNAL OF ELECTRICAL ENGINEERING	898	3207	80	499	175	2.85
123	CHINESE JOURNAL OF ELECTRONICS	2762	10486	175	869	248	3.50
124	CHINESE JOURNAL OF INTEGRATIVE MEDICINE	2456	24516	437	1731	274	6.32
125	CHINESE JOURNAL OF MECHANICAL ENGINEERING	7545	37696	548	2984	291	10.25
126	CHINESE JOURNAL OF NATURAL MEDICINES	1966	25713	1167	1918	185	10.37
127	CHINESE JOURNAL OF NEONATOLOGY	54	63	3	2	180	0.01
128	CHINESE JOURNAL OF PLASTIC AND RECONSTRUCTIVE SURGERY	10	15	4	8	97	0.08
129	CHINESE JOURNAL OF POLYMER SCIENCE	3386	34906	164	3613	394	9.17
130	CHINESE JOURNAL OF POPULATION RESOURCES AND ENVIRONMENT	639	3799	63	578	146	3.96
131	CHINESE JOURNAL OF STRUCTURAL CHEMISTRY	4521	22715	189	4269	362	11.79
132	CHINESE JOURNAL OF TRAUMATOLOGY	1259	9682	185	630	117	5.38

序号	期刊名称	被引篇数	被引次数	单篇被引最高次数	2021—2022年被引次数	2021—2022年论文数	2021—2022年篇均被引次数
133	CHINESE JOURNAL OF URBAN AND ENVIRONMENTAL STUDIES	221	803	40	173	52	3.33
134	CHINESE MEDICAL JOURNAL	0	0	0	0	1127	0.00
135	CHINESE MEDICAL JOURNAL PULMONARY AND CRITICAL CARE MEDICINE					0	
136	CHINESE MEDICAL SCIENCES JOURNAL	1087	6212	179	106	89	1.19
137	CHINESE MEDICINE AND CULTURE	57	106	8	47	187	0.25
138	CHINESE MEDICINE AND NATURAL PRODUCTS					26	0.00
139	CHINESE NEUROSURGICAL JOURNAL	233	1023	39	309	305	1.01
140	CHINESE NURSING FRONTIERS	0	0	0	0	95	0.00
141	CHINESE NURSING RESEARCH	1059	1898	77	108	1719	0.06
142	CHINESE OPTICS LETTERS	5358	37189	114	3775	442	8.54
143	CHINESE PHYSICS B	16043	120426	622	8268	2144	3.86
144	CHINESE PHYSICS C	3431	41233	6071	5468	574	9.53
145	CHINESE PHYSICS LETTERS	15476	114654	1509	4469	429	10.42
146	CHINESE QUARTERLY JOURNAL OF MATHEMATICS	159	346	16	5	79	0.06
147	CHINESE RAILWAYS	268	335	6	1	—	
148	CHIP	176	522	29	254	36	7.06
149	CHRONIC DISEASES AND TRANSLATIONAL MEDICINE	267	3670	273	385	129	2.98
150	CLEAN ENERGY	470	3029	277	937	154	6.08
151	CLINICAL TRADITIONAL MEDICINE AND PHARMACOLOGY	1	1	1	0	—	
152	COLLAGEN AND LEATHER	61	292	50	4	66	0.06
153	COMMUNICATIONS IN MATHEMATICAL RESEARCH	134	442	26	50	47	1.06
154	COMMUNICATIONS IN MATHEMATICS AND STATISTICS	281	3017	630	214	48	4.46
155	COMMUNICATIONS IN THEORETICAL PHYSICS	7117	53413	664	2687	408	6.59
156	COMMUNICATIONS IN TRANSPORTATION RESEARCH	88	1785	74	1517	26	58.35
157	COMMUNICATIONS ON APPLIED MATHEMATICS AND COMPUTATION	225	1004	58	422	111	3.80
158	COMMUNICATIONS ON PURE AND APPLIED ANALYSIS	2174	20983	263	1045	1250	0.84
159	COMPLEX SYSTEM MODELING AND SIMULATION	72	771	106	654	54	12.11
160	COMPUTATIONAL VISUAL MEDIA	330	5842	887	3292	74	44.49
161	CONTROL THEORY AND TECHNOLOGY	343	2200	71	354	97	3.65
162	CORROSION COMMUNICATIONS	172	1406	97	838	173	4.84
163	CROP JOURNAL	1223	22043	1208	5257	317	16.58
164	CSEE JOURNAL OF POWER AND ENERGY SYSTEMS	1112	16554	371	4450	278	16.01
165	CIVIL ENGINEERING SCIENCES						

序号	期刊名称	被引篇数	被引次数	单篇被引最高次数	2021—2022年被引次数	2021—2022年论文数	2021—2022年篇均被引次数
166	CURRENT MEDICAL SCIENCE	823	6842	254	1490	303	4.92
167	CURRENT UROLOGY	433	3002	114	205	86	2.38
168	CURRENT ZOOLOGY	1378	19279	537	785	305	2.57
169	CYBERSECURITY	296	2401	623	671	30	22.37
170	CYBORG AND BIONIC SYSTEMS	139	1999	74	1282	31	41.35
171	DATA INTELLIGENCE	219	1617	137	345	236	1.46
172	DATA SCIENCE AND ENGINEERING	240	2912	142	744	27	27.56
173	DATA SCIENCE AND MANAGEMENT	56	414	61	301	60	5.02
174	DEEP UNDERGROUND SCIENCE AND ENGINEERING	52	157	15	7	44	0.16
175	DEFENCE TECHNOLOGY	1599	18573	431	4896	348	14.07
176	DIGITAL CHINESE MEDICINE	55	130	14	36	148	0.24
177	DIGITAL COMMUNICATIONS AND NETWORKS	816	10696	501	2537	247	10.27
178	DIGITAL TWIN	97	211	27	129	23	5.61
179	EARTH AND PLANETARY PHYSICS	0	0	0	0	107	0.00
180	EARTHQUAKE ENGINEERING AND ENGINEERING VIBRATION	2596	19876	270	877	129	6.80
181	EARTHQUAKE RESEARCH ADVANCES	57	265	96	220	54	4.07
182	EARTHQUAKE SCIENCE	5877	22995	115	1998	101	19.78
183	ECOLOGICAL ECONOMY	5151	9219	518	960	563	1.71
184	ECOLOGICAL FRONTIERS	36	116	31	0	—	
185	ECOLOGICAL PROCESSES	796	9465	678	1664	139	11.97
186	ECOSYSTEM HEALTH AND SUSTAINABILITY	352	6013	322	644	167	3.86
187	ELECTROCHEMICAL ENERGY REVIEWS	215	16280	797	4864	33	147.39
188	ELECTROMAGNETIC SCIENCE	18	85	17	0	0	
189	ELIGHT	116	3056	220	2158	32	67.44
190	EMERGENCY AND CRITICAL CARE MEDICINE	17	30	5	20	59	0.34
191	EMERGING CONTAMINANTS	354	6594	1231	723	194	3.73
192	ENERGY & ENVIRONMENTAL MATERIALS	1441	21270	1115	7286	169	43.11
193	ENERGY GEOSCIENCE	272	2228	115	991	79	12.54
194	ENERGY MATERIAL ADVANCES	138	2581	201	1896	24	79.00
195	ENERGY STORAGE AND SAVING	33	155	41	114	23	4.96
196	ENGINEERING	7070	59875	1392	9997	446	22.41
197	ENGINEERING MICROBIOLOGY	26	134	38	82	28	2.93
198	ENTOMOTAXONOMIA	1746	4713	100	25	77	0.32
199	ENVIRONMENT & HEALTH	35	124	55	3	0	
200	ENVIRONMENTAL SCIENCE AND ECOTECHNOLOGY	1	1	1	1	90	0.01
201	ESCIENCE	389	9171	249	6739	79	85.30
202	EXPERIMENTAL AND COMPUTATIONAL MULTIPHASE FLOW	170	1854	82	709	36	19.69
203	EYE AND VISION	362	7175	941	979	72	13.60

序号	期刊名称	被引篇数	被引次数	单篇被引最高次数	2021—2022年被引次数	2021—2022年论文数	2021—2022年篇均被引次数
204	FOOD QUALITY AND SAFETY	329	4676	478	777	180	4.32
205	FOOD SCIENCE AND HUMAN WELLNESS	897	16217	512	3460	237	14.60
206	FOREST ECOSYSTEMS	618	8733	246	1608	154	10.44
207	FRICTION	1039	19439	1178	5093	236	21.58
208	FRIGID ZONE MEDICINE	9	15	5	11	47	0.23
209	FRONTIERS IN ENERGY	807	9015	156	1301	124	10.49
210	FRONTIERS OF AGRICULTURAL SCIENCE AND ENGINEERING	455	3844	102	825	111	7.43
211	FRONTIERS OF ARCHITECTURAL RESEARCH	658	7800	267	1060	414	2.56
212	FRONTIERS OF CHEMICAL SCIENCE AND ENGINEERING	1124	16961	467	3272	183	17.88
213	FRONTIERS OF COMPUTER SCIENCE	1163	11732	782	1682	206	8.17
214	FRONTIERS OF DIGITAL EDUCATION	0	0	0	0	—	
215	FRONTIERS OF EARTH SCIENCE	7064	58837	342	18547	139	133.43
216	FRONTIERS OF ENGINEERING MANAGEMENT	495	5357	185	1644	105	15.66
217	FRONTIERS OF ENVIRONMENTAL SCIENCE & ENGINEERING	1483	26625	270	5028	298	16.87
218	FRONTIERS OF INFORMATION TECHNOLOGY & ELECTRONIC ENGINEERING	1063	11515	513	1691	260	6.50
219	FRONTIERS OF MATERIALS SCIENCE	553	7620	366	561	216	2.60
220	FRONTIERS OF MATHEMATICS IN CHINA	768	6038	235	232	356	0.65
221	FRONTIERS OF MECHANICAL ENGINEERING	877	12286	1356	1320	115	11.48
222	FRONTIERS OF MEDICINE	908	19240	1513	1711	143	11.97
223	FRONTIERS OF OPTOELECTRONICS	746	6584	314	1096	96	11.42
224	FRONTIERS OF PHYSICS	5064	54928	1184	14052	215	65.36
225	FRONTIERS OF STRUCTURAL AND CIVIL ENGINEERING	1056	11684	197	1583	208	7.61
226	FUNDAMENTAL RESEARCH	1547	5793	105	3058	105	29.12
227	FUNGAL DIVERSITY	1259	63421	725	2293	170	13.49
228	GASTROENTEROLOGY REPORT	644	9168	300	1138	105	10.84
229	GENERAL PSYCHIATRY	382	6952	2625	1203	103	11.68
230	GENES & DISEASES	947	19093	728	3869	184	21.03
231	GENOMICS PROTEOMICS & BIOINFORMATICS	907	31160	1508	4243	174	24.39
232	GEODESY AND GEODYNAMICS	729	4799	150	596	103	5.79
233	GEOGRAPHY AND SUSTAINABILITY	183	3285	289	1502	74	20.30
234	GEOHAZARD MECHANICS	12	20	4	5	—	
235	GEOSCIENCE FRONTIERS	1898	49005	1783	9252	400	23.13
236	GEO-SPATIAL INFORMATION SCIENCE	896	8930	230	1455	145	10.03
237	GLOBAL ENERGY INTERCONNECTION	220	1666	147	9	117	0.08
238	GLOBAL GEOLOGY	556	1209	37	10	51	0.20
239	GLOBAL HEALTH JOURNAL	76	860	236	211	108	1.95

序号	期刊名称	被引篇数	被引次数	单篇被引最高次数	2021—2022年被引次数	2021—2022年论文数	2021—2022年篇均被引次数
240	GRAIN & OIL SCIENCE AND TECHNOLOGY	65	443	35	201	41	4.90
241	GRASSLAND RESEARCH	61	185	25	122	7	17.43
242	GREEN AND SMART MINING ENGINEERING	4	13	8	0	0	
243	GREEN CARBON	72	361	32	0	0	
244	GREEN CHEMICAL ENGINEERING	223	2808	219	1796	87	20.64
245	GREEN ENERGY & ENVIRONMENT	773	19883	320	6066	225	26.96
246	GREEN ENERGY AND INTELLIGENT TRANSPORTATION	121	1228	132	815	30	27.17
247	GUIDANCE, NAVIGATION AND CONTROL	25	53	8	43	52	0.83
248	GUIDELINE AND STANDARD IN CHINESE MEDICINE					0	
249	GYNECOLOGY AND OBSTETRICS CLINICAL MEDICINE	13	29	6	26	107	0.24
250	HEALTH DATA SCIENCE	89	269	32	239	51	4.69
251	HEPATOBILIARY & PANCREATIC DISEASES INTERNATIONAL	1623	22391	368	1004	388	2.59
252	HIGH POWER LASER SCIENCE AND ENGINEERING	581	8096	617	1324	45	29.42
253	HIGH TECHNOLOGY LETTERS	641	1273	54	35	285	0.12
254	HIGH VOLTAGE	690	9405	256	2339	122	19.17
255	HIGH-SPEED RAILWAY	0	0	0	0	0	
256	HOLISTIC INTEGRATIVE ONCOLOGY	12	33	7	19	22	0.86
257	HORTICULTURAL PLANT JOURNAL	526	6334	96	1844	128	14.41
258	HORTICULTURE RESEARCH	2146	36588	363	10954	545	20.10
259	IEEE-CAA JOURNAL OF AUTOMATICA SINICA	1509	37729	594	11523	357	32.28
260	IET CYBER-SYSTEMS AND ROBOTICS	101	549	62	216	30	7.20
261	ILIVER	59	91	6	60	42	1.43
262	INFECTION CONTROL	120	173	21	4	0	
263	INFECTION INTERNATIONAL	12	13	2	0	—	
264	INFECTIOUS DISEASE MODELLING	439	8144	642	1652	292	5.66
265	INFECTIOUS DISEASES & IMMUNITY	29	114	16	99	81	1.22
266	INFECTIOUS DISEASES OF POVERTY	1245	25862	1204	2901	248	11.70
267	INFECTIOUS MEDICINE	68	243	39	148	38	3.89
268	INFECTIOUS MICROBES & DISEASE	96	486	26	201	73	2.75
269	INFOMAT	502	22589	772	9266	86	107.74
270	INFORMATION PROCESSING IN AGRICULTURE	554	10545	466	1852	50	37.04
271	INNOVATION AND DEVELOPMENT POLICY	2	3	2	3	16	0.19
272	INSECT SCIENCE	2267	29749	859	3253	276	11.79
273	INSTRUMENTATION	309	432	25	18	49	0.37
274	INTEGRATIVE ZOOLOGY	1040	14295	310	1586	272	5.83
275	INTELLIGENT MEDICINE	90	583	105	359	47	7.64

序号	期刊名称	被引篇数	被引次数	单篇被引最高次数	2021—2022年被引次数	2021—2022年论文数	2021—2022年篇均被引次数
276	INTERDISCIPLINARY MATERIALS	108	2946	171	2028	13	156.00
277	INTERDISCIPLINARY SCIENCES–COMPUTATIONAL LIFE SCIENCES	743	7644	229	1541	138	11.17
278	INTERNATIONAL JOURNAL OF FLUID ENGINEERING	1	3	3	0	0	
279	INTERNATIONAL JOURNAL OF COAL SCIENCE & TECHNOLOGY	607	8829	180	3699	201	18.40
280	INTERNATIONAL JOURNAL OF DERMATOLOGY AND VENEREOLOGY	40	111	40	14	156	0.09
281	INTERNATIONAL JOURNAL OF DIGITAL EARTH	0	0	0	0	600	0.00
282	INTERNATIONAL JOURNAL OF DISASTER RISK SCIENCE	606	11340	237	1102	138	7.99
283	INTERNATIONAL JOURNAL OF EXTREME MANUFACTURING	290	7570	265	2908	77	37.77
284	INTERNATIONAL JOURNAL OF INNOVATION STUDIES	114	1222	106	334	39	8.56
285	INTERNATIONAL JOURNAL OF MINERALS METALLURGY AND MATERIALS	52	61	6	5	394	0.01
286	INTERNATIONAL JOURNAL OF MINING SCIENCE AND TECHNOLOGY	1757	39213	309	6844	223	30.69
287	INTERNATIONAL JOURNAL OF NURSING SCIENCES	714	8575	273	946	142	6.66
288	INTERNATIONAL JOURNAL OF ORAL SCIENCE	619	22876	1729	2456	96	25.58
289	INTERNATIONAL JOURNAL OF PLANT ENGINEERING AND MANAGEMENT	80	99	4	1	34	0.03
290	INTERNATIONAL JOURNAL OF SEDIMENT RESEARCH	1066	15537	243	1444	140	10.31
291	INTERNATIONAL JOURNAL OF TRANSPORTATION SCIENCE AND TECHNOLOGY	0	0	0	0	91	0.00
292	INTERNATIONAL SOIL AND WATER CONSERVATION RESEARCH	535	14133	645	2183	112	19.49
293	JOURNAL OF ACUPUNCTURE AND TUINA SCIENCE	511	1142	27	124	130	0.95
294	JOURNAL OF ADVANCED CERAMICS	891	26769	595	10925	341	32.04
295	JOURNAL OF ADVANCED DIELECTRICS	580	7404	792	511	59	8.66
296	JOURNAL OF ANALYSIS AND TESTING	288	3464	413	1108	165	6.72
297	JOURNAL OF ANIMAL SCIENCE AND BIOTECHNOLOGY	1252	29748	656	4434	265	16.73
298	JOURNAL OF ARID LAND	993	12720	104	1138	174	6.54
299	JOURNAL OF AUTOMATION AND INTELLIGENCE	8	33	14	20	6	3.33
300	JOURNAL OF BEIJING INSTITUTE OF TECHNOLOGY	1487	2698	28	63	94	0.67
301	JOURNAL OF BIONIC ENGINEERING	1481	25239	435	2957	295	10.02

序号	期刊名称	被引篇数	被引次数	单篇被引最高次数	2021—2022年被引次数	2021—2022年论文数	2021—2022年篇均被引次数
302	JOURNAL OF BIORESOURCES AND BIOPRODUCTS	217	6271	313	2843	59	48.19
303	JOURNAL OF BIOSAFETY AND BIOSECURITY	65	660	89	380	44	8.64
304	JOURNAL OF BIO–X RESEARCH	24	100	30	38	41	0.93
305	JOURNAL OF CARDIO–ONCOLOGY	0	0	0	0	5	0.00
306	JOURNAL OF CENTRAL SOUTH UNIVERSITY	4724	40624	160	5142	585	8.79
307	JOURNAL OF CENTRAL SOUTH UNIVERSITY (SCIENCE AND TECHNOLOGY)	3754	10508	56	153	724	0.21
308	JOURNAL OF CEREBROVASCULAR DISEASE	0	0	0	0	922	0.00
309	JOURNAL OF CHINESE PHARMACEUTICAL SCIENCES	551	1689	45	62	175	0.35
310	JOURNAL OF COMMUNICATIONS AND INFORMATION NETWORKS	213	2038	202	727	145	5.01
311	JOURNAL OF COMPUTATIONAL MATHEMATICS	1513	15354	281	189	81	2.33
312	JOURNAL OF COMPUTER SCIENCE AND TECHNOLOGY	2385	19864	331	702	186	3.77
313	JOURNAL OF CONTROL AND DECISION	358	2142	359	402	138	2.91
314	JOURNAL OF COTTON RESEARCH	155	1187	81	412	53	7.77
315	JOURNAL OF DATA AND INFORMATION SCIENCE	209	2412	1055	222	24	9.25
316	JOURNAL OF DONGHUA UNIVERSITY(ENGLISH EDITION)	76	172	13	1	154	0.01
317	JOURNAL OF EARTH SCIENCE	2601	20192	113	2202	238	9.25
318	JOURNAL OF ELECTRONIC SCIENCE AND TECHNOLOGY	461	2358	800	388	63	6.16
319	JOURNAL OF ENERGY CHEMISTRY	4195	134270	886	55479	1276	43.48
320	JOURNAL OF ENVIRONMENTAL ACCOUNTING AND MANAGEMENT	212	878	32	122	232	0.53
321	JOURNAL OF ENVIRONMENTAL SCIENCES	10047	159735	1162	11056	938	11.79
322	JOURNAL OF FORESTRY RESEARCH	2161	21012	518	4274	394	10.85
323	JOURNAL OF GENETICS AND GENOMICS	1585	31337	423	3133	216	14.50
324	JOURNAL OF GEODESY AND GEOINFORMATION SCIENCE	65	129	15	75	79	0.95
325	JOURNAL OF GEOGRAPHICAL SCIENCES	2146	41989	1381	2478	231	10.73
326	JOURNAL OF GERIATRIC CARDIOLOGY	1152	14059	585	723	240	3.01
327	JOURNAL OF HARBIN INSTITUTE OF TECHNOLOGY	3749	7428	40	417	117	3.56
328	JOURNAL OF HYDRODYNAMICS	2659	29244	325	1531	193	7.93
329	JOURNAL OF INFORMATION AND INTELLIGENCE	14	20	4	2	—	

序号	期刊名称	被引篇数	被引次数	单篇被引最高次数	2021—2022年被引次数	2021—2022年论文数	2021—2022年篇均被引次数
330	JOURNAL OF INNOVATIVE OPTICAL HEALTH SCIENCES	896	7499	564	706	292	2.42
331	JOURNAL OF INTEGRATIVE AGRICULTURE	3613	55381	264	7044	574	12.27
332	JOURNAL OF INTEGRATIVE MEDICINE–JIM	35	38	3	1	121	0.01
333	JOURNAL OF INTEGRATIVE PLANT BIOLOGY	2596	80136	808	8495	338	25.13
334	JOURNAL OF INTENSIVE MEDICINE	100	432	44	322	71	4.54
335	JOURNAL OF INTERVENTIONAL MEDICINE	163	475	23	185	59	3.14
336	JOURNAL OF IRON AND STEEL RESEARCH INTERNATIONAL	3594	35544	178	2848	340	8.38
337	JOURNAL OF LEATHER SCIENCE AND ENGINEERING	33	217	57	80	66	1.21
338	JOURNAL OF MAGNESIUM AND ALLOYS	1406	42569	895	14396	362	39.77
339	JOURNAL OF MANAGEMENT ANALYTICS	265	4476	248	726	193	3.76
340	JOURNAL OF MANAGEMENT SCIENCE AND ENGINEERING	165	1884	175	982	30	32.73
341	JOURNAL OF MARINE SCIENCE AND APPLICATION	1001	6954	137	567	125	4.54
342	JOURNAL OF MATERIALS SCIENCE & TECHNOLOGY	8489	200613	1243	56975	1945	29.29
343	JOURNAL OF MATERIOMICS	840	22931	771	6162	139	44.33
344	JOURNAL OF MATHEMATICAL RESEARCH WITH APPLICATIONS	273	684	21	36	111	0.32
345	JOURNAL OF MATHEMATICAL STUDY	266	1244	230	129	37	3.49
346	JOURNAL OF MEASUREMENT SCIENCE AND INSTRUMENTATION	195	264	8	30	111	0.27
347	JOURNAL OF METEOROLOGICAL RESEARCH	767	10191	259	1013	145	6.99
348	JOURNAL OF MODERN POWER SYSTEMS AND CLEAN ENERGY	1244	22207	187	4624	637	7.26
349	JOURNAL OF MOLECULAR CELL BIOLOGY	1012	29478	572	1551	137	11.32
350	JOURNAL OF MOLECULAR SCIENCE	353	748	40	1	117	0.01
351	JOURNAL OF MOUNTAIN SCIENCE	3458	31350	128	2723	450	6.05
352	JOURNAL OF NEURORESTORATOLOGY	198	1649	183	288	45	6.40
353	JOURNAL OF NORTHEAST AGRICULTURAL UNIVERSITY	1118	1794	11	108	74	1.46
354	JOURNAL OF NUTRITIONAL ONCOLOGY	12	21	4	7	40	0.18
355	JOURNAL OF OCEAN ENGINEERING AND SCIENCE	421	6330	246	1961	100	19.61
356	JOURNAL OF OCEAN UNIVERSITY OF CHINA	2654	15238	129	1037	311	3.33
357	JOURNAL OF OCEANOLOGY AND LIMNOLOGY	1084	5968	67	1467	327	4.49

序号	期刊名称	被引篇数	被引次数	单篇被引最高次数	2021—2022年被引次数	2021—2022年论文数	2021—2022年篇均被引次数
358	JOURNAL OF OTOLOGY	299	2039	70	297	156	1.90
359	JOURNAL OF PALAEOGEOGRAPHY-ENGLISH	1362	6705	62	227	66	3.44
360	JOURNAL OF PANCREATOLOGY	55	218	18	105	41	2.56
361	JOURNAL OF PARTIAL DIFFERENTIAL EQUATIONS	238	1288	197	33	48	0.69
362	JOURNAL OF PHARMACEUTICAL ANALYSIS	1025	23560	3683	3035	183	16.58
363	JOURNAL OF PLANT ECOLOGY	1228	21651	1434	1544	196	7.88
364	JOURNAL OF RARE EARTHS	5379	73257	533	5810	426	13.64
365	JOURNAL OF REMOTE SENSING	2302	11314	504	902	24	37.58
366	JOURNAL OF RESOURCES AND ECOLOGY	806	4833	156	616	355	1.74
367	JOURNAL OF ROAD ENGINEERING	19	182	40	139	24	5.79
368	JOURNAL OF ROCK MECHANICS AND GEOTECHNICAL ENGINEERING	1641	38406	554	6513	267	24.39
369	JOURNAL OF SAFETY AND RESILIENCE	0	0	0	0	45	0.00
370	JOURNAL OF SCIENCE IN SPORT AND EXERCISE	183	665	27	276	39	7.08
371	JOURNAL OF SEMICONDUCTORS	3516	21639	181	3384	274	12.35
372	JOURNAL OF SHANGHAI JIAOTONG UNIVERSITY (SCIENCE)	879	3166	89	231	193	1.20
373	JOURNAL OF SOCIAL COMPUTING	64	342	28	254	55	4.62
374	JOURNAL OF SOUTHEAST UNIVERSITY (ENGLISH EDITION)	787	2155	75	3	112	0.03
375	JOURNAL OF SPORT AND HEALTH SCIENCE	981	23825	650	3932	150	26.21
376	JOURNAL OF SYSTEMATICS AND EVOLUTION	1237	20409	990	2045	174	11.75
377	JOURNAL OF SYSTEMS ENGINEERING AND ELECTRONICS	2806	17636	443	1125	262	4.29
378	JOURNAL OF SYSTEMS SCIENCE & COMPLEXITY	274	1654	502	5	258	0.02
379	JOURNAL OF SYSTEMS SCIENCE AND INFORMATION	251	768	28	129	74	1.74
380	JOURNAL OF SYSTEMS SCIENCE AND SYSTEMS ENGINEERING	760	7959	951	332	67	4.96
381	JOURNAL OF THE CHINESE NATION STUDIES	1	1	1	1	36	0.03
382	JOURNAL OF THE NATIONAL CANCER CENTER	90	1298	626	1131	38	29.76
383	JOURNAL OF THE OPERATIONS RESEARCH SOCIETY OF CHINA	357	2290	107	343	213	1.61
384	JOURNAL OF THERMAL SCIENCE	2092	15586	169	2064	582	3.55
385	JOURNAL OF TRADITIONAL CHINESE MEDICAL SCIENCES	103	325	32	66	98	0.67
386	JOURNAL OF TRADITIONAL CHINESE MEDICINE	4195	17474	216	1076	246	4.37

序号	期刊名称	被引篇数	被引次数	单篇被引最高次数	2021—2022年被引次数	2021—2022年论文数	2021—2022年篇均被引次数
387	JOURNAL OF TRAFFIC AND TRANSPORTATION ENGINEERING ENGLISH EDITION	549	10040	209	2135	117	18.25
388	JOURNAL OF TRANSLATIONAL NEUROSCIENCE	4	143	137	0	28	0.00
389	JOURNAL OF TROPICAL METEOROLOGY	1903	6372	44	274	73	3.75
390	JOURNAL OF WUHAN UNIVERSITY OF TECHNOLOGY–MATERIALS SCIENCE EDITION	3862	25351	169	766	290	2.64
391	JOURNAL OF ZHEJIANG UNIVERSITY–SCIENCE A	1928	22352	1267	980	144	6.81
392	JOURNAL OF ZHEJIANG UNIVERSITY–SCIENCE B	2374	43327	741	1487	176	8.45
393	LANDSCAPE ARCHITECTURE FRONTIERS	316	925	43	142	110	1.29
394	LANGUAGE & SEMIOTIC STUDIES	73	132	15	13	58	0.22
395	LAPAROSCOPIC, ENDOSCOPIC AND ROBOTIC SURGERY	19	39	9	16	48	0.33
396	LIFE METABOLISM					34	0.00
397	LIGHT–SCIENCE & APPLICATIONS	2130	115348	2279	22228	464	47.91
398	LIVER RESEARCH	192	2658	183	325	68	4.78
399	LOW–CARBON MATERIALS AND GREEN CONSTRUCTION	7	16	6	2	—	
400	MACHINE INTELLIGENCE RESEARCH	120	983	106	492	107	4.60
401	MAGNETIC RESONANCE LETTERS	60	204	25	149	37	4.03
402	MALIGNANCY SPECTRUM	1	1	1	0	—	
403	MARINE LIFE SCIENCE & TECHNOLOGY	212	2636	182	1381	75	18.41
404	MARINE SCIENCE BULLETIN	1023	2555	50	52	25	2.08
405	MATERIALS GENOME ENGINEERING ADVANCES					0	
406	MATERNAL–FETAL MEDICINE	209	848	33	221	79	2.80
407	MATTER AND RADIATION AT EXTREMES	362	5508	161	1144	105	10.90
408	MEDICAL REVIEW	295	362	16	20	33	0.61
409	MEDICINE PLUS					—	
410	MED–X	11	38	8	0	—	
411	MICROSYSTEMS & NANOENGINEERING	818	19777	354	4476	237	18.89
412	MILITARY MEDICAL RESEARCH	510	16035	2583	3473	129	26.92
413	MLIFE					33	0.00
414	MOLECULAR PLANT	2548	159324	7656	10337	329	31.42
415	MYCOLOGY	263	1282	97	5	230	0.02
416	MYCOSPHERE		2198			—	
417	NANO BIOMEDICINE AND ENGINEERING	95	722	53	17	334	0.05
418	NANO MATERIALS SCIENCE	267	6480	933	2008	73	27.51
419	NANO RESEARCH	6822	250398	2898	44925	1792	25.07

序号	期刊名称	被引篇数	被引次数	单篇被引最高次数	2021—2022年被引次数	2021—2022年论文数	2021—2022年篇均被引次数
420	NANO RESEARCH ENERGY	65	1597	184	1421	34	41.79
421	NANOMANUFACTURING AND METROLOGY	174	1303	50	445	187	2.38
422	NANO-MICRO LETTERS	1688	96095	2847	34973	439	79.67
423	NANOTECHNOLOGY AND PRECISION ENGINEERING	663	2479	63	406	48	8.46
424	NATIONAL SCIENCE OPEN	26	48	7	19	30	0.63
425	NATIONAL SCIENCE REVIEW	2037	65540	1048	16318	498	32.77
426	NATURAL PRODUCTS AND BIOPROSPECTING	531	7727	301	1141	193	5.91
427	NEURAL REGENERATION RESEARCH	5821	67919	894	10180	821	12.40
428	NEUROPROTECTION	49	110	16	0	0	
429	NEUROSCIENCE BULLETIN	1755	31228	553	3125	302	10.35
430	NPJ COMPUTATIONAL MATERIALS	1327	48929	1412	11124	884	12.58
431	NPJ FLEXIBLE ELECTRONICS					100	0.00
432	NUCLEAR SCIENCE AND TECHNIQUES	2312	14845	326	2404	307	7.83
433	NUMERICAL MATHEMATICS-THEORY METHODS AND APPLICATIONS	505	4440	131	425	89	4.78
434	OIL CROP SCIENCE	172	685	43	273	114	2.39
435	ONCOLOGY AND TRANSLATIONAL MEDICINE	18	28	4	1	77	0.01
436	OPTO-ELECTRONIC ADVANCES	270	7958	298	3665	95	38.58
437	OPTO-ELECTRONIC SCIENCE	19	38	9	27	24	1.13
438	OPTOELECTRONICS LETTERS	1586	5751	71	563	261	2.16
439	PAPER AND BIOMATERIALS	42	104	7	24	52	0.46
440	PARTICUOLOGY	2443	39914	642	3089	264	11.70
441	PEDIATRIC INVESTIGATION	244	1228	34	422	89	4.74
442	PEDOSPHERE	2795	49926	264	2290	177	12.94
443	PEKING MATHEMATICAL JOURNAL	22	59	13	35	18	1.94
444	PETROLEUM	1049	9748	440	1380	105	13.14
445	PETROLEUM RESEARCH	286	1905	67	736	277	2.66
446	PETROLEUM SCIENCE	1909	24076	258	5337	603	8.85
447	PHENOMICS	151	955	61	583	35	16.66
448	PHOTONIC SENSORS	603	8210	221	903	70	12.90
449	PHOTONICS RESEARCH	2103	51004	623	11289	338	33.40
450	PHYTOPATHOLOGY RESEARCH	203	1947	166	585	49	11.94
451	PLANT COMMUNICATIONS	489	7531	153	3313	71	46.66
452	PLANT DIVERSITY	506	6118	221	1425	118	12.08
453	PLANT PHENOMICS	236	3156	186	1000	28	35.71
454	PLASMA SCIENCE & TECHNOLOGY	1228	1880	140	57	424	0.13
455	PORTAL HYPERTENSION & CIRRHOSIS	14	22	3	11	28	0.39
456	PRECISION CHEMISTRY	87	358	23	0	—	
457	PRECISION CLINICAL MEDICINE	178	2492	282	592	42	14.10
458	PROBABILITY, UNCERTAINTY AND QUANTITATIVE RISK	80	565	60	101	40	2.53

序号	期刊名称	被引篇数	被引次数	单篇被引最高次数	2021—2022年被引次数	2021—2022年论文数	2021—2022年篇均被引次数
459	PROGRESS IN NATURAL SCIENCE–MATERIALS INTERNATIONAL	2509	54324	2486	2505	203	12.34
460	PROPULSION AND POWER RESEARCH	371	6566	240	869	36	24.14
461	PROTEIN & CELL	1704	50442	1040	6176	117	52.79
462	QUANTITATIVE BIOLOGY	607	3079	259	167	73	2.29
463	QUANTUM FRONTIERS	12	24	5	6	24	0.25
464	RADIATION DETECTION TECHNOLOGY AND METHODS	317	1456	130	305	269	1.13
465	RADIATION MEDICINE AND PROTECTION	64	212	28	123	111	1.11
466	RADIOLOGY OF INFECTIOUS DISEASES	32	74	12	2	37	0.05
467	RAILWAY ENGINEERING SCIENCE	124	1612	106	678	52	13.04
468	RARE METALS	5329	54698	306	18088	739	24.48
469	REGENERATIVE BIOMATERIALS	613	11851	339	2756	92	29.96
470	REGIONAL SUSTAINABILITY	110	941	54	596	61	9.77
471	REPRODUCTIVE AND DEVELOPMENTAL MEDICINE	170	556	68	101	67	1.51
472	RESEARCH	3456	26053	330	7320	359	20.39
473	RESEARCH IN ASTRONOMY AND ASTROPHYSICS	2418	26463	1281	2370	577	4.11
474	RHEUMATOLOGY & AUTOIMMUNITY					44	0.00
475	RICE SCIENCE	1090	13744	242	1215	117	10.38
476	ROCK MECHANICS BULLETIN	33	141	17	40	9	4.44
477	SATELLITE NAVIGATION	163	2780	276	1348	28	48.14
478	SCIENCE BULLETIN	3442	83728	2425	19022	519	36.65
479	SCIENCE CHINA–CHEMISTRY	3812	73681	815	11936	504	23.68
480	SCIENCE CHINA–EARTH SCIENCES	510	938	28	13	309	0.04
481	SCIENCE CHINA–INFORMATION SCIENCES	1101	2179	169	56	677	0.08
482	SCIENCE CHINA–LIFE SCIENCES	4153	63488	1370	6362	330	19.28
483	SCIENCE CHINA–MATERIALS	2693	46054	713	12390	657	18.86
484	SCIENCE CHINA–MATHEMATICS	2332	18067	206	1300	238	5.46
485	SCIENCE CHINA–PHYSICS MECHANICS & ASTRONOMY	3646	41484	345	5181	338	15.33
486	SCIENCE CHINA–TECHNOLOGICAL SCIENCES	4384	58862	665	5535	476	11.63
487	SCIENCE OF TRADITIONAL CHINESE MEDICINE	0	0	0	0	0	
488	SCIENCES IN COLD AND ARID REGIONS	626	2752	85	104	82	1.27
489	SECURITY AND SAFETY					—	
490	SEED BIOLOGY	98	482	87	5	7	0.71
491	SHE JI: THE JOURNAL OF DESIGN, ECONOMICS, AND INNOVATION	232	2085	135	257	59	4.36
492	SIGNAL TRANSDUCTION AND TARGETED THERAPY	1818	101233	5227	45541	636	71.61
493	SMARTMAT	350	5569	169	3556	63	56.44
494	SOIL ECOLOGY LETTERS	212	1999	80	946	76	12.45

序号	期刊名称	被引篇数	被引次数	单篇被引最高次数	2021—2022年被引次数	2021—2022年论文数	2021—2022年篇均被引次数
495	SOLID EARTH SCIENCES	162	1691	260	256	92	2.78
496	SOUTH CHINA JOURNAL OF CARDIOLOGY	17	20	3	0	73	0.00
497	SPACE：SCIENCE & TECHNOLOGY	0	0	0	0	68	0.00
498	STATISTICAL THEORY AND RELATED FIELDS	123	403	31	140	84	1.67
499	STRESS BIOLOGY	148	888	80	721	79	9.13
500	STROKE AND VASCULAR NEUROLOGY	614	10327	1474	1765	144	12.26
501	SUPERCONDUCTIVITY	1938	8437	314	382	32	11.94
502	SURFACE SCIENCE AND TECHNOLOGY	7	18	10	0	—	
503	SUSMAT	179	5292	241	4239	47	90.19
504	SYNTHETIC AND SYSTEMS BIOTECHNOLOGY	416	6140	181	1345	268	5.02
505	THE INTERNATIONAL JOURNAL OF INTELLIGENT CONTROL AND SYSTEMS	8	53	25	1	704	0.00
506	THE JOURNAL OF BIOMEDICAL RESEARCH	5165	8380	276	39	77	0.51
507	THE JOURNAL OF CHINA UNIVERSITIES OF POSTS AND TELECOMMUNICATIONS	758	3209	115	0	117	0.00
508	THEORETICAL & APPLIED MECHANICS LETTERS	849	7817	264	880	116	7.59
509	TRANSACTIONS OF NANJING UNIVERSITY OF AERONAUTICS AND ASTRONAUTICS	157	283	13	120	752	0.16
510	TRANSACTIONS OF NONFERROUS METALS SOCIETY OF CHINA	9995	140660	549	6874	610	11.27
511	TRANSACTIONS OF TIANJIN UNIVERSITY	699	5040	319	1358	90	15.09
512	TRANSLATIONAL NEURODEGENERATION	465	17330	1095	2586	104	24.87
513	TRANSPORTATION SAFETY AND ENVIRONMENT	172	1262	146	482	77	6.26
514	TSINGHUA SCIENCE AND TECHNOLOGY	1838	17343	305	2553	158	16.16
515	TUNGSTEN	548	4879	730	1241	82	15.13
516	ULTRAFAST SCIENCE	190	1247	125	942	30	31.40
517	UNDERGROUND SPACE	0	0	0	0	140	0.00
518	UNMANNED SYSTEMS	424	3579	233	465	80	5.81
519	UROPRECISION					—	
520	VERTEBRATA PALASIATICA					36	0.00
521	VIROLOGICA SINICA	1588	15500	498	2773	269	10.31
522	VIRTUAL REALITY & INTELLIGENT HARDWARE, VRIH	129	1333	119	263	69	3.81
523	VISUAL COMPUTING FOR INDUSTRY, BIOMEDICINE AND ART	133	1630	302	438	60	7.30
524	VISUAL INFORMATICS	171	2172	234	552	67	8.24
525	VISUAL INTELLIGENCE	27	45	5	0	0	

序号	期刊名称	被引篇数	被引次数	单篇被引最高次数	2021—2022年被引次数	2021—2022年论文数	2021—2022年篇均被引次数
526	WASTE DISPOSAL & SUSTAINABLE ENERGY	159	1774	116	498	58	8.59
527	WATER BIOLOGY AND SECURITY	97	586	78	448	42	10.67
528	WATER SCIENCE AND ENGINEERING	679	8126	122	670	73	9.18
529	WORLD JOURNAL OF ACUPUNCTURE-MOXIBUSTION	516	1549	37	162	117	1.38
530	WORLD JOURNAL OF EMERGENCY MEDICINE	725	6222	109	450	168	2.68
531	WORLD JOURNAL OF INTEGRATED TRADITIONAL AND WESTERN MEDICINE	240	314	5	23	61	0.38
532	WORLD JOURNAL OF OTORHINOLARYNGOLOGY-HEAD AND NECK SURGERY	212	2789	159	4	92	0.04
533	WORLD JOURNAL OF PEDIATRIC SURGERY	116	334	35	141	76	1.86
534	WORLD JOURNAL OF PEDIATRICS	1296	16908	387	1403	263	5.33
535	WORLD JOURNAL OF TRADITIONAL CHINESE MEDICINE	268	1730	140	906	104	8.71
536	WUHAN UNIVERSITY JOURNAL OF NATURAL SCIENCES	1308	4192	73	46	472	0.10
537	ZOOLOGICAL RESEARCH	2423	14978	176	1866	213	8.76
538	ZOOLOGICAL RESEARCH: DIVERSITY AND CONSERVATION	0	0	0	0	104	0.00
539	ZOOLOGICAL SYSTEMATICS	243	1006	78	88	53	1.66
540	ZTE COMMUNICATIONS	394	968	97	62	85	0.73

（注：统计时间截止到 2024 年 10 月。"—"表示未找到期刊的论文数，"空白"表示期刊无对应指标）

5 JCR 收录的中国科技期刊指标

5.1 2023 年中国科技期刊指标

序号	期刊	总被引频次	影响因子	5年影响因子	即年指标	论文数	被引半衰期	特征因子	论文影响分
1	ACTA BIOCHIMICA ET BIOPHYSICA SINICA	5357	3.3	3.4	0.8	168	6.1	0.00404	0.670
2	ACTA CHIMICA SINICA	2252	1.7	1.5	0.3	178	5.9	0.00126	0.212
3	ACTA GEOLOGICA SINICA–ENGLISH EDITION	6559	2.1	2.6	0.8	141	9.2	0.00374	0.600
4	ACTA MATHEMATICA SCIENTIA	1908	1.2	1.1	0.3	131	7.3	0.00249	0.458
5	ACTA MATHEMATICA SINICA–ENGLISH SERIES	1859	0.8	0.8	0.2	166	11.7	0.00244	0.484
6	ACTA MATHEMATICAE APPLICATAE SINICA–ENGLISH SERIES	777	0.9	0.7	0.2	63	9.9	0.00081	0.287
7	ACTA MECHANICA SINICA	3793	3.8	3.1	1.5	161	5.0	0.00322	0.649
8	ACTA MECHANICA SOLIDA SINICA	1630	2.0	2.0	0.7	69	6.7	0.00118	0.404
9	ACTA METALLURGICA SINICA	3102	2.4	2.0	0.5	140	5.9	0.00189	0.295
10	ACTA METALLURGICA SINICA–ENGLISH LETTERS	4243	2.9	3.0	0.9	129	4.5	0.00308	0.442
11	ACTA OCEANOLOGICA SINICA	3447	1.4	1.6	0.2	158	7.1	0.00271	0.368
12	ACTA PETROLOGICA SINICA	9061	1.7	1.9	0.7	216	10.9	0.00357	0.384
13	ACTA PHARMACEUTICA SINICA B	16225	14.8	14.1	2.9	300	2.8	0.01904	2.551
14	ACTA PHARMACOLOGICA SINICA	15931	6.9	7.6	1.1	156	5.8	0.01305	1.477
15	ACTA PHYSICA SINICA	7120	0.8	0.8	0.3	863	6.0	0.00411	0.116
16	ACTA PHYSICO–CHIMICA SINICA	5906	10.8	5.5	5.3	112	2.7	0.00499	0.902
17	ACTA POLYMERICA SINICA	1406	1.7	1.3	0.4	154	4.0	0.00104	0.185
18	ADVANCED FIBER MATERIALS	4010	17.2	15.7	4.7	97	1.7	0.00479	2.564
19	ADVANCED PHOTONICS	2615	20.6	16.5	2.7	52	2.6	0.00564	4.575
20	ADVANCES IN APPLIED MATHEMATICS AND MECHANICS	787	1.5	1.1	0.7	86	4.4	0.00093	0.303
21	ADVANCES IN ATMOSPHERIC SCIENCES	6802	6.5	5.2	1.9	141	5.9	0.00791	1.554
22	ADVANCES IN CLIMATE CHANGE RESEARCH	2701	6.4	6.9	1.1	90	3.6	0.00317	1.468
23	ADVANCES IN MANUFACTURING	1678	4.2	4.6	0.7	41	5.0	0.00136	0.796
24	ALGEBRA COLLOQUIUM	477	0.4	0.5	0.1	52	11	0.00068	0.314
25	ANIMAL NUTRITION	4358	6.1	6.6	1.6	146	3.4	0.00418	1.075

序号	期刊	总被引频次	影响因子	5年影响因子	即年指标	论文数	被引半衰期	特征因子	论文影响分
26	APPLIED GEOPHYSICS	1094	0.7	1.1	0.1	66	8.8	0.00064	0.259
27	APPLIED MATHEMATICS AND MECHANICS–ENGLISH EDITION	3980	4.5	3.3	0.9	126	5.7	0.00287	0.589
28	APPLIED MATHEMATICS–A JOURNAL OF CHINESE UNIVERSITIES SERIES B	376	1.2	0.8	0.3	44	7.1	0.00033	0.222
29	ASIAN HERPETOLOGICAL RESEARCH	407	1.2	1.2	0.4	25	6.3	0.00041	0.338
30	ASIAN JOURNAL OF ANDROLOGY	4579	3.0	2.7	1.3	108	8.2	0.00273	0.704
31	ASIAN JOURNAL OF PHARMACEUTICAL SCIENCES	4320	10.7	9.0	2.6	58	4.4	0.00310	1.248
32	AVIAN RESEARCH	694	1.6	1.9	0.5	79	3.9	0.00099	0.445
33	BIOACTIVE MATERIALS	21943	18.0	18.2	9.3	426	2.0	0.02284	2.890
34	BIOCHAR	2948	13.1	14.4	2.7	90	2.2	0.00330	2.135
35	BIO–DESIGN AND MANUFACTURING	1492	8.1	7.7	0.9	35	2.7	0.00190	1.212
36	BIOMEDICAL AND ENVIRONMENTAL SCIENCES	2907	3.0	3.1	0.4	71	8.7	0.00172	0.647
37	BONE RESEARCH	4827	14.3	14.8	2.3	60	4.6	0.00605	3.417
38	BUILDING SIMULATION	3985	6.1	5.2	0.9	123	3.7	0.00406	0.878
39	CANCER BIOLOGY & MEDICINE	3332	5.6	5.9	1.2	69	3.9	0.00390	1.284
40	CANCER COMMUNICATIONS	5020	20.1	16.7	2.1	46	2.9	0.00972	3.983
41	CARBON ENERGY	5031	19.5	19.9	4.7	111	1.9	0.00668	3.573
42	CELL RESEARCH	27776	28.2	36.5	6.0	52	6.7	0.03496	12.959
43	CELLULAR & MOLECULAR IMMUNOLOGY	14451	21.8	19.9	2.6	100	3.7	0.02312	5.424
44	CHEMICAL JOURNAL OF CHINESE UNIVERSITIES–CHINESE	1562	0.7	0.5	0.1	266	4.6	0.00087	0.062
45	CHEMICAL RESEARCH IN CHINESE UNIVERSITIES	2718	3.1	2.2	0.6	120	3.3	0.00275	0.377
46	CHINA CDC WEEKLY	2070	4.3	4.4	0.9	170	2.4	0.00466	1.311
47	CHINA COMMUNICATIONS	4491	3.1	3.2	0.5	274	3.6	0.00651	0.723
48	CHINA FOUNDRY	830	1.7	1.5	0.4	60	5.0	0.00051	0.199
49	CHINA OCEAN ENGINEERING	1358	1.8	1.6	0.4	86	6.1	0.00086	0.266
50	CHINA PETROLEUM PROCESSING & PETROCHEMICAL TECHNOLOGY	252	0.6	0.4	0.1	49	6.1	0.00011	0.047
51	CHINESE ANNALS OF MATHEMATICS SERIES B	847	0.5	0.6	0.1	51	13.0	0.00075	0.303
52	CHINESE CHEMICAL LETTERS	32079	9.4	7.3	3.5	1010	2.3	0.03017	1.095
53	CHINESE GEOGRAPHICAL SCIENCE	2913	3.4	3.5	0.7	80	6.0	0.00189	0.576
54	CHINESE JOURNAL OF AERONAUTICS	10192	5.3	4.6	1.6	357	3.3	0.01067	0.866
55	CHINESE JOURNAL OF ANALYTICAL CHEMISTRY	2516	1.2	1.0	0.3	292	5.4	0.00143	0.131

序号	期刊	总被引频次	影响因子	5 年影响因子	即年指标	论文数	被引半衰期	特征因子	论文影响分
56	CHINESE JOURNAL OF CANCER RESEARCH	2963	7.0	5.6	1.0	51	4.9	0.00316	1.184
57	CHINESE JOURNAL OF CATALYSIS	17295	15.7	11.5	2.9	193	3.3	0.01638	1.893
58	CHINESE JOURNAL OF CHEMICAL ENGINEERING	10010	3.7	3.5	1.3	386	4.3	0.00776	0.527
59	CHINESE JOURNAL OF CHEMICAL PHYSICS	1149	1.2	1.1	0.3	89	5.8	0.00099	0.227
60	CHINESE JOURNAL OF CHEMISTRY	9494	5.5	5.2	1.7	405	3.0	0.01067	1.034
61	CHINESE JOURNAL OF ELECTRONICS	1245	1.6	1.1	0.7	121	3.8	0.00125	0.204
62	CHINESE JOURNAL OF GEOPHYSICS–CHINESE EDITION	7606	1.6	1.4	0.3	363	8.2	0.00440	0.286
63	CHINESE JOURNAL OF INORGANIC CHEMISTRY	1181	0.8	0.5	0.2	245	4.3	0.00047	0.043
64	CHINESE JOURNAL OF INTEGRATIVE MEDICINE	3393	2.2	2.3	0.4	109	5.7	0.00231	0.375
65	CHINESE JOURNAL OF MECHANICAL ENGINEERING	4506	4.6	4.2	1.2	151	4.9	0.00383	0.782
66	CHINESE JOURNAL OF NATURAL MEDICINES	3551	4.0	3.7	0.8	78	5.6	0.00231	0.573
67	CHINESE JOURNAL OF ORGANIC CHEMISTRY	3660	1.8	1.3	0.6	333	3.5	0.00341	0.213
68	CHINESE JOURNAL OF POLYMER SCIENCE	4262	4.1	3.3	1.0	163	3.8	0.00403	0.561
69	CHINESE JOURNAL OF STRUCTURAL CHEMISTRY	2900	5.9	2.1	3.2	129	1.7	0.00269	0.314
70	CHINESE MEDICAL JOURNAL	13091	7.5	4.9	0.9	232	5.8	0.01202	1.091
71	CHINESE OPTICS LETTERS	3736	3.3	2.1	0.8	232	3.7	0.00354	0.393
72	CHINESE PHYSICS B	12932	1.5	1.4	0.5	1055	5.2	0.01037	0.253
73	CHINESE PHYSICS C	5090	3.6	2.8	1.2	260	3.3	0.00866	0.901
74	CHINESE PHYSICS LETTERS	6785	3.5	2.1	1.0	227	8.2	0.00577	0.551
75	COMMUNICATIONS IN MATHEMATICS AND STATISTICS	630	1.1	1.9	0.2	74	5.8	0.00139	0.99
76	COMMUNICATIONS IN THEORETICAL PHYSICS	4154	2.4	1.9	1.3	203	5.6	0.00309	0.375
77	COMPUTATIONAL VISUAL MEDIA	1685	17.3	—	1.4	48	2.0	0.00375	—
78	CROP JOURNAL	4867	6.0	5.6	1.8	191	3.4	0.00443	0.965
79	CSEE JOURNAL OF POWER AND ENERGY SYSTEMS	4302	6.9	6.9	1.5	209	2.9	0.00637	1.601
80	CURRENT MEDICAL SCIENCE	1663	2.0	2.1	0.3	132	3.5	0.00305	0.484
81	CURRENT ZOOLOGY	2130	1.6	1.9	0.4	48	7.4	0.00214	0.593
82	DEFENCE TECHNOLOGY	4447	5.0	4.9	2.6	230	2.9	0.00442	0.804
83	DIGITAL COMMUNICATIONS AND NETWORKS	2753	7.5	7.4	3.6	128	2.2	0.00333	1.422
84	EARTHQUAKE ENGINEERING AND ENGINEERING VIBRATION	2592	2.6	2.6	0.5	67	9.2	0.00128	0.482

序号	期刊	总被引频次	影响因子	5 年影响因子	即年指标	论文数	被引半衰期	特征因子	论文影响分
85	ECOLOGICAL PROCESSES	2179	4.6	5.0	0.8	62	4.1	0.00224	0.950
86	ECOSYSTEM HEALTH AND SUSTAINABILITY	1140	4.2	5.0	0.6	56	4.3	0.00113	0.953
87	ELECTROCHEMICAL ENERGY REVIEWS	4349	28.5	30.1	6.8	32	3.1	0.00674	5.950
88	ENERGY & ENVIRONMENTAL MATERIALS	6743	13.0	14.1	4.3	242	2.0	0.00896	2.700
89	ENGINEERING	10187	10.1	11.6	3.4	134	3.8	0.01306	2.409
90	ENVIRONMENTAL SCIENCE AND ECOTECHNOLOGY	1843	14.1	13.3	3.2	78	2.0	0.00243	2.451
91	EYE AND VISION	1422	4.2	4.1	0.5	48	4.2	0.00214	1.181
92	FOOD QUALITY AND SAFETY	1174	3.0	4.7	0.9	53	3.8	0.00113	0.703
93	FOOD SCIENCE AND HUMAN WELLNESS	4156	5.6	6.8	3.5	233	2.7	0.00278	0.929
94	FOREST ECOSYSTEMS	1864	3.8	4.5	0.8	71	3.9	0.00251	0.980
95	FRICTION	4465	6.3	6.7	2.7	117	3.5	0.00435	1.091
96	FRONTIERS IN ENERGY	1493	3.1	2.9	0.9	47	4.0	0.00147	0.513
97	FRONTIERS OF CHEMICAL SCIENCE AND ENGINEERING	3252	4.3	4.1	1.6	139	3.8	0.00274	0.642
98	FRONTIERS OF COMPUTER SCIENCE	2016	3.4	3.1	1.7	98	3.5	0.00244	0.684
99	FRONTIERS OF EARTH SCIENCE	1347	1.8	2.1	0.2	68	5.7	0.00118	0.420
100	FRONTIERS OF ENVIRONMENTAL SCIENCE & ENGINEERING	5123	6.3	5.3	2.6	150	3.9	0.00422	0.886
101	FRONTIERS OF INFORMATION TECHNOLOGY & ELECTRONIC ENGINEERING	2341	2.7	2.8	0.7	128	3.9	0.00339	0.653
102	FRONTIERS OF MATERIALS SCIENCE	1086	2.5	2.6	0.6	43	5.7	0.00064	0.377
103	FRONTIERS OF MATHEMATICS IN CHINA	654	0.8	0.9	N/A	0	6.4	0.00127	0.477
104	FRONTIERS OF MECHANICAL ENGINEERING	2208	4.7	5.0	3.3	54	5.0	0.00194	0.936
105	FRONTIERS OF MEDICINE	3032	3.9	5.4	0.8	77	4.3	0.00389	1.237
106	FRONTIERS OF PHYSICS	3257	6.5	4.5	2.2	114	3.6	0.00408	1.083
107	FRONTIERS OF STRUCTURAL AND CIVIL ENGINEERING	2280	2.9	3.1	0.6	103	4.3	0.00210	0.547
108	FUNGAL DIVERSITY	6411	24.5	24.1	4.7	18	8.0	0.00437	5.182
109	GASTROENTEROLOGY REPORT	1663	3.8	3.8	0.6	95	4.4	0.00478	2.057
110	GENES & DISEASES	3994	6.9	7.2	3.0	153	3.1	0.00459	1.537
111	GENOMICS PROTEOMICS & BIOINFORMATICS	5439	11.5	10.3	3.8	91	4.6	0.00818	3.330
112	GEOSCIENCE FRONTIERS	9274	8.5	7.8	4.2	121	3.9	0.01354	2.006
113	GEO-SPATIAL INFORMATION SCIENCE	1582	4.4	4.4	0.9	94	3.5	0.00176	0.904
114	GREEN ENERGY & ENVIRONMENT	5277	10.7	10.1	8.9	130	2.1	0.00464	1.604

序号	期刊	总被引频次	影响因子	5年影响因子	即年指标	论文数	被引半衰期	特征因子	论文影响分
115	HEPATOBILIARY & PANCREATIC DISEASES INTERNATIONAL	2414	3.6	3.2	1.7	61	6.3	0.00195	0.732
116	HIGH POWER LASER SCIENCE AND ENGINEERING	1569	5.2	4.3	1.0	97	3.7	0.00248	1.075
117	HIGH VOLTAGE	2283	4.4	4.4	0.6	89	3.0	0.00335	0.909
118	HORTICULTURAL PLANT JOURNAL	1741	5.7	5.5	2.6	94	2.7	0.00132	0.682
119	HORTICULTURE RESEARCH	9155	7.6	8.2	1.5	293	3.0	0.01152	1.446
120	IEEE–CAA JOURNAL OF AUTOMATICA SINICA	8846	15.3	10.3	5.8	145	2.6	0.01593	2.762
121	INFECTIOUS DISEASES OF POVERTY	4077	4.8	5.0	1.0	107	3.8	0.00670	1.371
122	INFOMAT	6532	22.7	21.7	3.1	81	2.6	0.01069	4.473
123	INSECT SCIENCE	3835	2.9	3.1	0.7	135	5.2	0.00389	0.732
124	INTEGRATIVE ZOOLOGY	1992	3.5	3.0	0.5	75	5.2	0.00209	0.698
125	INTERDISCIPLINARY SCIENCES–COMPUTATIONAL LIFE SCIENCES	1318	3.9	2.9	0.8	49	3.4	0.00169	0.596
126	INTERNATIONAL JOURNAL OF DIGITAL EARTH	3112	3.7	3.9	1.0	223	4.4	0.00289	0.788
127	INTERNATIONAL JOURNAL OF DISASTER RISK SCIENCE	1984	2.9	4.3	0.9	67	4.7	0.00207	0.898
128	INTERNATIONAL JOURNAL OF EXTREME MANUFACTURING	2126	16.1	14.4	3.4	80	2.3	0.00283	2.657
129	INTERNATIONAL JOURNAL OF MINERALS METALLURGY AND MATERIALS	6903	5.6	4.3	3.9	214	3.5	0.00467	0.622
130	INTERNATIONAL JOURNAL OF MINING SCIENCE AND TECHNOLOGY	7725	11.7	8.4	4.3	113	4.0	0.00707	1.512
131	INTERNATIONAL JOURNAL OF ORAL SCIENCE	3639	10.8	11.7	1.6	56	4.1	0.00376	2.297
132	INTERNATIONAL JOURNAL OF SEDIMENT RESEARCH	2098	3.5	3.1	1.0	49	5.9	0.00161	0.604
133	INTERNATIONAL SOIL AND WATER CONSERVATION RESEARCH	3057	7.3	8.1	2.3	59	4.5	0.00259	1.368
134	JOURNAL OF ADVANCED CERAMICS	7465	18.6	15.0	3.3	164	2.4	0.00801	2.367
135	JOURNAL OF ANIMAL SCIENCE AND BIOTECHNOLOGY	5806	6.3	6.4	1.1	156	4.4	0.00549	1.175
136	JOURNAL OF ARID LAND	2064	2.7	2.9	0.7	87	5.3	0.00162	0.510
137	JOURNAL OF BIONIC ENGINEERING	3956	4.9	4.1	1.8	132	3.7	0.00327	0.669
138	JOURNAL OF CENTRAL SOUTH UNIVERSITY	9020	3.7	3.1	0.8	288	5.7	0.00585	0.494
139	JOURNAL OF COMPUTATIONAL MATHEMATICS	1060	0.9	1.0	0.4	110	12.3	0.00098	0.478
140	JOURNAL OF COMPUTER SCIENCE AND TECHNOLOGY	1518	1.2	1.7	0.2	86	6.1	0.00143	0.405

序号	期刊	总被引频次	影响因子	5年影响因子	即年指标	论文数	被引半衰期	特征因子	论文影响分
141	JOURNAL OF EARTH SCIENCE	3099	4.1	3.2	1.1	143	4.8	0.00342	0.753
142	JOURNAL OF ENERGY CHEMISTRY	34273	14.0	12.3	4.2	694	2.5	0.03954	2.036
143	JOURNAL OF ENVIRONMENTAL SCIENCES	21443	5.9	5.6	1.7	147	5.2	0.01694	0.997
144	JOURNAL OF FORESTRY RESEARCH	4567	3.4	2.9	0.9	64	3.9	0.00492	0.527
145	JOURNAL OF GENETICS AND GENOMICS	3850	6.6	5.8	2.0	75	5.1	0.00466	1.673
146	JOURNAL OF GEOGRAPHICAL SCIENCES	6717	4.3	5.2	1.4	122	6.1	0.00407	0.824
147	JOURNAL OF GERIATRIC CARDIOLOGY	2057	1.8	2.7	0.5	68	5.6	0.00259	0.783
148	JOURNAL OF HYDRODYNAMICS	3667	3.4	3.0	0.5	84	6.7	0.00244	0.549
149	JOURNAL OF INFRARED AND MILLIMETER WAVES	617	0.6	0.5	0.1	112	6.1	0.00036	0.075
150	JOURNAL OF INNOVATIVE OPTICAL HEALTH SCIENCES	1079	2.3	2.2	0.8	57	4.2	0.00091	0.364
151	JOURNAL OF INORGANIC MATERIALS	1716	1.7	1.2	0.3	168	4.0	0.00126	0.167
152	JOURNAL OF INTEGRATIVE AGRICULTURE	10695	4.6	4.5	1.2	287	5.0	0.00816	0.715
153	JOURNAL OF INTEGRATIVE MEDICINE–JIM	1678	4.2	3.7	1.0	56	4.2	0.00157	0.640
154	JOURNAL OF INTEGRATIVE PLANT BIOLOGY	10706	9.3	9.3	2.5	139	5.1	0.01081	2.114
155	JOURNAL OF IRON AND STEEL RESEARCH INTERNATIONAL	4935	3.1	2.5	0.5	242	6.9	0.00262	0.376
156	JOURNAL OF MAGNESIUM AND ALLOYS	11755	15.8	14.8	4.4	295	2.4	0.00996	1.967
157	JOURNAL OF MATERIALS SCIENCE & TECHNOLOGY	43703	11.2	10.4	3.5	805	2.5	0.04850	1.737
158	JOURNAL OF MATERIOMICS	5056	8.4	8.0	2.5	118	3.0	0.00549	1.396
159	JOURNAL OF METEOROLOGICAL RESEARCH	1906	2.8	2.9	0.3	57	4.9	0.00267	0.816
160	JOURNAL OF MODERN POWER SYSTEMS AND CLEAN ENERGY	4812	5.7	5.4	1.5	148	3.4	0.00726	1.264
161	JOURNAL OF MOLECULAR CELL BIOLOGY	3467	5.3	6.1	2.2	48	4.8	0.00474	1.819
162	JOURNAL OF MOUNTAIN SCIENCE	5099	2.3	2.6	0.5	238	5.3	0.00447	0.494
163	JOURNAL OF OCEAN ENGINEERING AND SCIENCE	2205	13.0	8.5	4.0	50	1.9	0.00205	1.214
164	JOURNAL OF OCEAN UNIVERSITY OF CHINA	2192	1.4	1.4	0.2	151	5.7	0.00183	0.278
165	JOURNAL OF OCEANOLOGY AND LIMNOLOGY	1532	1.3	1.5	0.6	167	3.5	0.00246	0.317
166	JOURNAL OF PALAEOGEOGRAPHY–ENGLISH	703	2.5	2.6	0.7	32	5.0	0.00085	0.699

序号	期刊	总被引频次	影响因子	5 年影响因子	即年指标	论文数	被引半衰期	特征因子	论文影响分
167	JOURNAL OF PHARMACEUTICAL ANALYSIS	4263	6.1	6.8	2.0	113	4.4	0.00331	1.131
168	JOURNAL OF PLANT ECOLOGY	2877	3.0	2.5	1.0	92	6.6	0.00193	0.489
169	JOURNAL OF RARE EARTHS	9100	5.2	4.4	3.0	230	5.1	0.00495	0.602
170	JOURNAL OF ROCK MECHANICS AND GEOTECHNICAL ENGINEERING	8326	9.4	7.6	4.2	208	4.2	0.00773	1.630
171	JOURNAL OF SPORT AND HEALTH SCIENCE	4360	9.7	9.2	3.6	66	3.7	0.00644	2.390
172	JOURNAL OF SYSTEMATICS AND EVOLUTION	2703	3.4	3.5	0.5	68	5.6	0.00303	0.937
173	JOURNAL OF SYSTEMS ENGINEERING AND ELECTRONICS	2314	1.9	1.9	0.4	136	5.4	0.00182	0.347
174	JOURNAL OF SYSTEMS SCIENCE & COMPLEXITY	1830	2.6	1.9	0.8	127	3.9	0.00230	0.484
175	JOURNAL OF SYSTEMS SCIENCE AND SYSTEMS ENGINEERING	780	1.7	1.5	0.5	39	8.4	0.00042	0.277
176	JOURNAL OF THERMAL SCIENCE	2380	1.8	2.0	0.4	168	4.2	0.00210	0.357
177	JOURNAL OF TRADITIONAL CHINESE MEDICINE	2650	2.0	1.9	0.3	142	7.0	0.00146	0.306
178	JOURNAL OF TROPICAL METEOROLOGY	745	1.5	1.3	0.6	36	7.8	0.00048	0.287
179	JOURNAL OF WUHAN UNIVERSITY OF TECHNOLOGY–MATERIALS SCIENCE EDITION	3516	1.3	1.3	0.2	185	8.4	0.00136	0.187
180	JOURNAL OF ZHEJIANG UNIVERSITY–SCIENCE A	2685	3.4	2.9	1.1	74	8.1	0.00150	0.539
181	JOURNAL OF ZHEJIANG UNIVERSITY–SCIENCE B	4266	4.7	4.1	1.3	68	8.1	0.00213	0.704
182	LIGHT–SCIENCE & APPLICATIONS	22600	20.6	20.3	4.0	213	3.4	0.03876	5.478
183	MARINE LIFE SCIENCE & TECHNOLOGY	854	5.8	5.7	0.9	54	2.5	0.00140	1.199
184	MATTER AND RADIATION AT EXTREMES	1286	4.8	4.6	1.6	52	3.3	0.00234	1.323
185	MICROSYSTEMS & NANOENGINEERING	4573	7.3	7.7	2.0	154	3.3	0.00606	1.570
186	MILITARY MEDICAL RESEARCH	4376	16.7	14.8	3.6	55	3.2	0.00595	3.113
187	MOLECULAR PLANT	23955	17.1	21.4	5.5	100	5.6	0.02544	5.460
188	MYCOSPHERE	2198	10.0	9.0	1.6	31	5.2	0.00219	2.022
189	NANO RESEARCH	43791	9.6	9.0	2.7	1117	3.0	0.04865	1.658
190	NANO–MICRO LETTERS	24758	31.6	26.1	10.1	235	2.5	0.03067	4.721
191	NATIONAL SCIENCE REVIEW	15548	16.3	18.6	5.2	255	3.2	0.02767	5.216
192	NEURAL REGENERATION RESEARCH	11891	5.9	5.2	3.2	341	3.9	0.01193	1.044
193	NEUROSCIENCE BULLETIN	4675	5.9	5.4	0.9	111	4.4	0.00660	1.484
194	NEW CARBON MATERIALS	2626	6.6	4.8	1.2	76	3.4	0.00194	0.663

序号	期刊	总被引频次	影响因子	5年影响因子	即年指标	论文数	被引半衰期	特征因子	论文影响分
195	NPJ COMPUTATIONAL MATERIALS	11949	9.4	11.5	2.5	220	3.5	0.02178	3.103
196	NPJ FLEXIBLE ELECTRONICS	3116	12.3	13.0	3.2	51	2.5	0.00509	2.850
197	NUCLEAR SCIENCE AND TECHNIQUES	2708	3.6	2.4	0.9	190	3.3	0.00334	0.509
198	NUMERICAL MATHEMATICS–THEORY METHODS AND APPLICATIONS	569	1.9	1.3	0.4	53	4.7	0.00096	0.484
199	OPTO–ELECTRONIC ADVANCES	2197	15.3	11.4	3.9	50	2.1	0.00340	2.348
200	PARTICUOLOGY	5148	4.1	3.5	1.5	257	5.7	0.00321	0.595
201	PEDOSPHERE	5649	5.2	5.3	3.3	75	6.9	0.00296	0.928
202	PETROLEUM EXPLORATION AND DEVELOPMENT	8378	7.2	7.2	1.6	101	5.7	0.00576	1.177
203	PETROLEUM SCIENCE	5334	6.0	5.4	2.2	259	3.0	0.00492	0.888
204	PHOTONIC SENSORS	1253	5.0	3.3	1.4	32	5.2	0.00095	0.582
205	PHOTONICS RESEARCH	10523	6.6	6.6	1.8	243	3.3	0.01779	1.627
206	PHYTOPATHOLOGY RESEARCH	569	3.2	3.7	0.6	61	3.0	0.00086	0.733
207	PLANT COMMUNICATIONS	2249	9.4	9.5	3.5	121	2.2	0.00410	2.581
208	PLANT DIVERSITY	1527	4.6	4.2	2.4	65	3.3	0.00184	0.919
209	PLANT PHENOMICS	943	7.6	7.7	1.1	97	2.7	0.00121	1.343
210	PLASMA SCIENCE & TECHNOLOGY	2927	1.6	1.5	0.6	199	5.3	0.00283	0.328
211	PROGRESS IN BIOCHEMISTRY AND BIOPHYSICS	384	0.2	0.3	0.1	244	5.4	0.00021	0.039
212	PROGRESS IN CHEMISTRY	1594	1.0	1.0	0.2	119	6.0	0.00093	0.139
213	PROGRESS IN NATURAL SCIENCE–MATERIALS INTERNATIONAL	7002	4.8	5.3	1.4	62	7.4	0.00357	0.846
214	PROPULSION AND POWER RESEARCH	1275	5.4	5.1	1.1	36	4.6	0.00099	0.725
215	PROTEIN & CELL	7518	13.6	17.7	2.6	36	5.2	0.01099	5.249
216	RARE METAL MATERIALS AND ENGINEERING	4316	0.6	0.6	0.1	474	6.6	0.00150	0.057
217	RARE METALS	11270	9.6	6.9	1.5	410	2.6	0.01056	1.015
218	REGENERATIVE BIOMATERIALS	2425	5.7	5.7	1.5	116	3.0	0.00213	0.829
219	RESEARCH	5870	8.5	8.7	2.0	267	2.8	0.00910	1.861
220	RESEARCH IN ASTRONOMY AND ASTROPHYSICS	3864	1.8	1.7	0.9	281	4.8	0.00559	0.600
221	RICE SCIENCE	2188	5.6	5.1	1.2	44	5.6	0.00138	0.783
222	SATELLITE NAVIGATION	834	9.0	9.1	0.9	30	2.6	0.00151	2.075
223	SCIENCE BULLETIN	18163	18.8	15.9	4.7	207	3.2	0.02893	3.842
224	SCIENCE CHINA–CHEMISTRY	11795	10.4	8.0	2.2	343	3.2	0.01419	1.628
225	SCIENCE CHINA–EARTH SCIENCES	9848	6.0	6.2	0.8	197	6.2	0.01050	1.709
226	SCIENCE CHINA–INFORMATION SCIENCES	7407	7.3	5.8	2.7	221	3.2	0.01274	1.682

序号	期刊	总被引频次	影响因子	5年影响因子	即年指标	论文数	被引半衰期	特征因子	论文影响分
227	SCIENCE CHINA–LIFE SCIENCES	7892	8.0	7.3	2.0	153	3.8	0.01045	1.716
228	SCIENCE CHINA–MATERIALS	9947	6.8	6.6	1.5	373	2.9	0.01261	1.183
229	SCIENCE CHINA–MATHEMATICS	2303	1.4	1.4	0.5	115	6.6	0.00553	0.941
230	SCIENCE CHINA–PHYSICS MECHANICS & ASTRONOMY	5755	6.4	4.9	2.5	196	3.5	0.00828	1.379
231	SCIENCE CHINA–TECHNOLOGICAL SCIENCES	8687	4.4	4.3	1.2	309	4.6	0.00761	0.802
232	SIGNAL TRANSDUCTION AND TARGETED THERAPY	29883	40.8	40.6	6.7	272	2.6	0.05183	9.679
233	SPECTROSCOPY AND SPECTRAL ANALYSIS	4105	0.7	0.6	0.1	556	5.9	0.00209	0.080
234	STROKE AND VASCULAR NEUROLOGY	2375	4.4	6.0	0.6	78	3.8	0.00490	2.030
235	SUSMAT	1638	18.7	18.7	2.7	59	1.9	0.00241	3.693
236	SYNTHETIC AND SYSTEMS BIOTECHNOLOGY	1312	4.4	4.3	1.1	83	3.2	0.00158	0.880
237	TRANSACTIONS OF NONFERROUS METALS SOCIETY OF CHINA	16324	4.7	4.2	0.7	273	7.9	0.00696	0.587
238	TRANSLATIONAL NEURODEGENERATION	3460	10.8	11.6	2.7	47	3.7	0.00478	2.768
239	TSINGHUA SCIENCE AND TECHNOLOGY	2107	5.2	3.7	1.1	91	3.6	0.00220	0.752
240	UNDERGROUND SPACE	1880	8.2	6.8	2.5	101	2.1	0.00224	1.283
241	VIROLOGICA SINICA	2461	4.3	4.3	1.0	84	3.6	0.00320	0.947
242	WORLD JOURNAL OF EMERGENCY MEDICINE	891	2.6	2.4	0.3	44	6.3	0.00094	0.661
243	WORLD JOURNAL OF PEDIATRICS	2753	3.6	4.2	1.1	92	4.3	0.00351	1.068
244	ZOOLOGICAL RESEARCH	2141	4.0	4.5	1.4	90	3.6	0.00316	1.242

5.2 2023 年中国科技期刊在各学科中的总被引频次排名

序号	期刊	总被引频次	学科主题	学科平均总被引频次	学科期刊数	学科排名	总被引分区
1	ACTA BIOCHIMICA ET BIOPHYSICA SINICA	5357	BIOCHEMISTRY & MOLECULAR BIOLOGY	16396	313	170	Q3
2	ACTA BIOCHIMICA ET BIOPHYSICA SINICA	5357	BIOPHYSICS	9558	77	36	Q2
3	ACTA CHIMICA SINICA	2252	CHEMISTRY, MULTIDISCIPLINARY	26298	232	141	Q3
4	ACTA GEOLOGICA SINICA–ENGLISH EDITION	6559	GEOSCIENCES, MULTIDISCIPLINARY	6854	254	72	Q2
5	ACTA MATHEMATICA SCIENTIA	1908	MATHEMATICS	1517	491	99	Q1
6	ACTA MATHEMATICA SINICA–ENGLISH SERIES	1859	MATHEMATICS	1517	491	102	Q1
7	ACTA MATHEMATICA SINICA–ENGLISH SERIES	1859	MATHEMATICS, APPLIED	2462	333	111	Q2
8	ACTA MATHEMATICAE APPLICATAE SINICA–ENGLISH SERIES	777	MATHEMATICS, APPLIED	2462	333	188	Q3
9	ACTA MECHANICA SINICA	3793	MECHANICS	8073	170	65	Q2
10	ACTA MECHANICA SINICA	3793	ENGINEERING, MECHANICAL	6412	184	67	Q2
11	ACTA MECHANICA SOLIDA SINICA	1630	MATERIALS SCIENCE, MULTIDISCIPLINARY	18116	440	293	Q3
12	ACTA MECHANICA SOLIDA SINICA	1630	MECHANICS	8073	170	95	Q3
13	ACTA METALLURGICA SINICA	3102	METALLURGY & METALLURGICAL ENGINEERING	12743	91	40	Q2
14	ACTA METALLURGICA SINICA–ENGLISH LETTERS	4243	METALLURGY & METALLURGICAL ENGINEERING	12743	91	33	Q2
15	ACTA OCEANOLOGICA SINICA	3447	OCEANOGRAPHY	6558	65	28	Q2
16	ACTA PETROLOGICA SINICA	9061	GEOLOGY	2658	61	5	Q1
17	ACTA PHARMACEUTICA SINICA B	16225	PHARMACOLOGY & PHARMACY	7189	354	46	Q1
18	ACTA PHARMACOLOGICA SINICA	15931	CHEMISTRY, MULTIDISCIPLINARY	26298	232	55	Q1
19	ACTA PHARMACOLOGICA SINICA	15931	PHARMACOLOGY & PHARMACY	7189	354	47	Q1
20	ACTA PHYSICA SINICA	7120	PHYSICS, MULTIDISCIPLINARY	11628	112	34	Q2
21	ACTA PHYSICO–CHIMICA SINICA	5906	CHEMISTRY, PHYSICAL	31979	178	90	Q3
22	ACTA POLYMERICA SINICA	1406	POLYMER SCIENCE	13193	95	65	Q3
23	ADVANCED FIBER MATERIALS	4010	MATERIALS SCIENCE, MULTIDISCIPLINARY	18116	440	207	Q2
24	ADVANCED FIBER MATERIALS	4010	MATERIALS SCIENCE, TEXTILES	3710	30	7	Q1

序号	期刊	总被引频次	学科主题	学科平均总被引频次	学科期刊数	学科排名	总被引分区
25	ADVANCED PHOTONICS	2615	OPTICS	8908	120	58	Q2
26	ADVANCES IN APPLIED MATHEMATICS AND MECHANICS	787	MECHANICS	8073	170	127	Q3
27	ADVANCES IN APPLIED MATHEMATICS AND MECHANICS	787	MATHEMATICS, APPLIED	2462	333	186	Q3
28	ADVANCES IN ATMOSPHERIC SCIENCES	6802	METEOROLOGY & ATMOSPHERIC SCIENCES	9261	110	39	Q2
29	ADVANCES IN CLIMATE CHANGE RESEARCH	2701	ENVIRONMENTAL SCIENCES	13701	359	179	Q2
30	ADVANCES IN CLIMATE CHANGE RESEARCH	2701	METEOROLOGY & ATMOSPHERIC SCIENCES	9261	110	62	Q3
31	ADVANCES IN MANUFACTURING	1678	MATERIALS SCIENCE, MULTIDISCIPLINARY	18116	440	289	Q3
32	ADVANCES IN MANUFACTURING	1678	ENGINEERING, MANUFACTURING	6818	69	37	Q3
33	ALGEBRA COLLOQUIUM	477	MATHEMATICS	1517	491	290	Q3
34	ALGEBRA COLLOQUIUM	477	MATHEMATICS, APPLIED	2462	333	238	Q3
35	ANIMAL NUTRITION	4358	AGRICULTURE, DAIRY & ANIMAL SCIENCE	4445	80	17	Q1
36	ANIMAL NUTRITION	4358	VETERINARY SCIENCES	3349	168	38	Q1
37	APPLIED GEOPHYSICS	1094	GEOCHEMISTRY & GEOPHYSICS	8502	101	63	Q3
38	APPLIED MATHEMATICS AND MECHANICS–ENGLISH EDITION	3980	MECHANICS	8073	170	63	Q2
39	APPLIED MATHEMATICS AND MECHANICS–ENGLISH EDITION	3980	MATHEMATICS, APPLIED	2462	333	56	Q1
40	APPLIED MATHEMATICS–A JOURNAL OF CHINESE UNIVERSITIES SERIES B	376	MATHEMATICS, APPLIED	2462	333	259	Q4
41	ASIAN HERPETOLOGICAL RESEARCH	407	ZOOLOGY	2469	181	150	Q4
42	ASIAN JOURNAL OF ANDROLOGY	4579	UROLOGY & NEPHROLOGY	4548	128	31	Q1
43	ASIAN JOURNAL OF ANDROLOGY	4579	ANDROLOGY	2991	8	3	Q2
44	ASIAN JOURNAL OF PHARMACEUTICAL SCIENCES	4320	PHARMACOLOGY & PHARMACY	7189	354	133	Q2
45	AVIAN RESEARCH	694	ORNITHOLOGY	1059	29	14	Q2
46	BIOACTIVE MATERIALS	21943	ENGINEERING, BIOMEDICAL	7107	123	10	Q1
47	BIOACTIVE MATERIALS	21943	MATERIALS SCIENCE, BIOMATERIALS	11502	53	7	Q1
48	BIOCHAR	2948	ENVIRONMENTAL SCIENCES	13701	359	171	Q2
49	BIOCHAR	2948	SOIL SCIENCE	7718	49	26	Q3
50	BIO–DESIGN AND MANUFACTURING	1492	ENGINEERING, BIOMEDICAL	7107	123	74	Q3
51	BIOMEDICAL AND ENVIRONMENTAL SCIENCES	2907	PUBLIC, ENVIRONMENTAL & OCCUPATIONAL HEALTH	4465	408	155	Q2
52	BIOMEDICAL AND ENVIRONMENTAL SCIENCES	2907	ENVIRONMENTAL SCIENCES	13701	359	175	Q2
53	BONE RESEARCH	4827	CELL & TISSUE ENGINEERING	5826	31	12	Q2

序号	期刊	总被引频次	学科主题	学科平均总被引频次	学科期刊数	学科排名	总被引分区
54	BUILDING SIMULATION	3985	CONSTRUCTION & BUILDING TECHNOLOGY	9634	92	30	Q2
55	BUILDING SIMULATION	3985	THERMODYNAMICS	11058	79	32	Q2
56	CANCER BIOLOGY & MEDICINE	3332	ONCOLOGY	9317	322	154	Q2
57	CANCER BIOLOGY & MEDICINE	3332	MEDICINE, RESEARCH & EXPERIMENTAL	8387	190	86	Q2
58	CANCER COMMUNICATIONS	5020	ONCOLOGY	9317	322	114	Q2
59	CARBON ENERGY	5031	CHEMISTRY, PHYSICAL	31979	178	101	Q3
60	CARBON ENERGY	5031	ENERGY & FUELS	19175	174	67	Q2
61	CARBON ENERGY	5031	MATERIALS SCIENCE, MULTIDISCIPLINARY	18116	440	196	Q2
62	CARBON ENERGY	5031	NANOSCIENCE & NANOTECHNOLOGY	23848	142	61	Q2
63	CELL RESEARCH	27776	CELL BIOLOGY	14801	205	32	Q1
64	CELLULAR & MOLECULAR IMMUNOLOGY	14451	IMMUNOLOGY	10651	181	32	Q1
65	CHEMICAL JOURNAL OF CHINESE UNIVERSITIES–CHINESE	1562	CHEMISTRY, MULTIDISCIPLINARY	26298	232	157	Q3
66	CHEMICAL RESEARCH IN CHINESE UNIVERSITIES	2718	CHEMISTRY, MULTIDISCIPLINARY	26298	232	132	Q3
67	CHINA CDC WEEKLY	2070	PUBLIC, ENVIRONMENTAL & OCCUPATIONAL HEALTH	4465	408	200	Q2
68	CHINA COMMUNICATIONS	4491	TELECOMMUNICATIONS	7917	119	32	Q2
69	CHINA FOUNDRY	830	METALLURGY & METALLURGICAL ENGINEERING	12743	91	70	Q4
70	CHINA OCEAN ENGINEERING	1358	ENGINEERING, CIVIL	7678	183	107	Q3
71	CHINA OCEAN ENGINEERING	1358	WATER RESOURCES	7837	128	77	Q3
72	CHINA OCEAN ENGINEERING	1358	ENGINEERING, MECHANICAL	6412	184	110	Q3
73	CHINA OCEAN ENGINEERING	1358	ENGINEERING, OCEAN	6747	18	11	Q3
74	CHINA PETROLEUM PROCESSING & PETROCHEMICAL TECHNOLOGY	252	ENERGY & FUELS	19175	174	161	Q4
75	CHINA PETROLEUM PROCESSING & PETROCHEMICAL TECHNOLOGY	252	ENGINEERING, CHEMICAL	15589	171	160	Q4
76	CHINA PETROLEUM PROCESSING & PETROCHEMICAL TECHNOLOGY	252	ENGINEERING, PETROLEUM	3486	26	22	Q4
77	CHINESE ANNALS OF MATHEMATICS SERIES B	847	MATHEMATICS	1517	491	200	Q2
78	CHINESE CHEMICAL LETTERS	32079	CHEMISTRY, MULTIDISCIPLINARY	26298	232	34	Q1
79	CHINESE GEOGRAPHICAL SCIENCE	2913	ENVIRONMENTAL SCIENCES	13701	359	174	Q2
80	CHINESE JOURNAL OF AERONAUTICS	10192	ENGINEERING, AEROSPACE	3641	52	7	Q1
81	CHINESE JOURNAL OF ANALYTICAL CHEMISTRY	2516	CHEMISTRY, ANALYTICAL	13135	106	60	Q3
82	CHINESE JOURNAL OF CANCER RESEARCH	2963	ONCOLOGY	9317	322	170	Q3
83	CHINESE JOURNAL OF CATALYSIS	17295	CHEMISTRY, PHYSICAL	31979	178	55	Q2

序号	期刊	总被引频次	学科主题	学科平均总被引频次	学科期刊数	学科排名	总被引分区
84	CHINESE JOURNAL OF CATALYSIS	17295	CHEMISTRY, APPLIED	16040	74	14	Q1
85	CHINESE JOURNAL OF CATALYSIS	17295	ENGINEERING, CHEMICAL	15589	171	36	Q1
86	CHINESE JOURNAL OF CHEMICAL ENGINEERING	10010	ENGINEERING, CHEMICAL	15589	171	51	Q2
87	CHINESE JOURNAL OF CHEMICAL PHYSICS	1149	PHYSICS, ATOMIC, MOLECULAR & CHEMICAL	23071	40	31	Q4
88	CHINESE JOURNAL OF CHEMISTRY	9494	CHEMISTRY, MULTIDISCIPLINARY	26298	232	76	Q2
89	CHINESE JOURNAL OF ELECTRONICS	1245	ENGINEERING, ELECTRICAL & ELECTRONIC	9764	355	226	Q3
90	CHINESE JOURNAL OF GEOPHYSICS-CHINESE EDITION	7606	GEOCHEMISTRY & GEOPHYSICS	8502	101	28	Q2
91	CHINESE JOURNAL OF INORGANIC CHEMISTRY	1181	CHEMISTRY, INORGANIC & NUCLEAR	11375	44	36	Q4
92	CHINESE JOURNAL OF INTEGRATIVE MEDICINE	3393	INTEGRATIVE & COMPLEMENTARY MEDICINE	3690	43	12	Q2
93	CHINESE JOURNAL OF MECHANICAL ENGINEERING	4506	ENGINEERING, MECHANICAL	6412	184	61	Q2
94	CHINESE JOURNAL OF NATURAL MEDICINES	3551	PHARMACOLOGY & PHARMACY	7189	354	151	Q2
95	CHINESE JOURNAL OF NATURAL MEDICINES	3551	INTEGRATIVE & COMPLEMENTARY MEDICINE	3690	43	10	Q1
96	CHINESE JOURNAL OF ORGANIC CHEMISTRY	3660	CHEMISTRY, ORGANIC	14159	58	30	Q3
97	CHINESE JOURNAL OF POLYMER SCIENCE	4262	POLYMER SCIENCE	13193	95	41	Q2
98	CHINESE JOURNAL OF STRUCTURAL CHEMISTRY	2900	CHEMISTRY, INORGANIC & NUCLEAR	11375	44	27	Q3
99	CHINESE JOURNAL OF STRUCTURAL CHEMISTRY	2900	CRYSTALLOGRAPHY	7517	33	18	Q3
100	CHINESE MEDICAL JOURNAL	13091	MEDICINE, GENERAL & INTERNAL	7733	333	29	Q1
101	CHINESE OPTICS LETTERS	3736	OPTICS	8908	120	48	Q2
102	CHINESE PHYSICS B	12932	PHYSICS, MULTIDISCIPLINARY	11628	112	23	Q1
103	CHINESE PHYSICS C	5090	PHYSICS, NUCLEAR	10758	22	11	Q2
104	CHINESE PHYSICS C	5090	PHYSICS, PARTICLES & FIELDS	21266	31	16	Q3
105	CHINESE PHYSICS LETTERS	6785	PHYSICS, MULTIDISCIPLINARY	11628	112	36	Q2
106	COMMUNICATIONS IN MATHEMATICS AND STATISTICS	630	MATHEMATICS	1517	491	240	Q2
107	COMMUNICATIONS IN THEORETICAL PHYSICS	4154	PHYSICS, MULTIDISCIPLINARY	11628	112	48	Q2
108	COMPUTATIONAL VISUAL MEDIA	1685	COMPUTER SCIENCE, SOFTWARE ENGINEERING	3222	132	62	Q2
109	CROP JOURNAL	4867	PLANT SCIENCES	6846	265	75	Q2
110	CROP JOURNAL	4867	AGRONOMY	4507	126	26	Q1

序号	期刊	总被引频次	学科主题	学科平均总被引频次	学科期刊数	学科排名	总被引分区
111	CSEE JOURNAL OF POWER AND ENERGY SYSTEMS	4302	ENERGY & FUELS	19175	174	70	Q2
112	CSEE JOURNAL OF POWER AND ENERGY SYSTEMS	4302	ENGINEERING, ELECTRICAL & ELECTRONIC	9764	355	132	Q2
113	CURRENT MEDICAL SCIENCE	1663	MEDICINE, RESEARCH & EXPERIMENTAL	8387	190	117	Q3
114	CURRENT ZOOLOGY	2130	ZOOLOGY	2469	181	56	Q2
115	DEFENCE TECHNOLOGY	4447	ENGINEERING, MULTIDISCIPLINARY	4402	182	31	Q1
116	DIGITAL COMMUNICATIONS AND NETWORKS	2753	TELECOMMUNICATIONS	7917	119	53	Q2
117	EARTHQUAKE ENGINEERING AND ENGINEERING VIBRATION	2592	ENGINEERING, CIVIL	7678	183	77	Q2
118	EARTHQUAKE ENGINEERING AND ENGINEERING VIBRATION	2592	ENGINEERING, GEOLOGICAL	5944	63	28	Q2
119	ECOLOGICAL PROCESSES	2179	ENVIRONMENTAL SCIENCES	13701	359	198	Q3
120	ECOLOGICAL PROCESSES	2179	ECOLOGY	7711	197	108	Q3
121	ECOSYSTEM HEALTH AND SUSTAINABILITY	1140	ENVIRONMENTAL SCIENCES	13701	359	249	Q3
122	ECOSYSTEM HEALTH AND SUSTAINABILITY	1140	ECOLOGY	7711	197	137	Q3
123	ELECTROCHEMICAL ENERGY REVIEWS	4349	ELECTROCHEMISTRY	21786	45	19	Q2
124	ENERGY & ENVIRONMENTAL MATERIALS	6743	MATERIALS SCIENCE, MULTIDISCIPLINARY	18116	440	165	Q2
125	ENGINEERING	10187	ENGINEERING, MULTIDISCIPLINARY	4402	182	18	Q1
126	ENVIRONMENTAL SCIENCE AND ECOTECHNOLOGY	1843	GREEN & SUSTAINABLE SCIENCE & TECHNOLOGY	15011	91	49	Q3
127	ENVIRONMENTAL SCIENCE AND ECOTECHNOLOGY	1843	ENVIRONMENTAL SCIENCES	13701	359	211	Q3
128	EYE AND VISION	1422	OPHTHALMOLOGY	5087	95	61	Q3
129	FOOD QUALITY AND SAFETY	1174	FOOD SCIENCE & TECHNOLOGY	10326	173	129	Q3
130	FOOD SCIENCE AND HUMAN WELLNESS	4156	NUTRITION & DIETETICS	9193	114	51	Q2
131	FOOD SCIENCE AND HUMAN WELLNESS	4156	FOOD SCIENCE & TECHNOLOGY	10326	173	75	Q2
132	FOREST ECOSYSTEMS	1864	FORESTRY	3115	89	34	Q2
133	FRICTION	4465	ENGINEERING, MECHANICAL	6412	184	62	Q2
134	FRONTIERS IN ENERGY	1493	ENERGY & FUELS	19175	174	112	Q3
135	FRONTIERS OF CHEMICAL SCIENCE AND ENGINEERING	3252	ENGINEERING, CHEMICAL	15589	171	82	Q2
136	FRONTIERS OF COMPUTER SCIENCE	2016	COMPUTER SCIENCE, INFORMATION SYSTEMS	4728	252	96	Q2
137	FRONTIERS OF COMPUTER SCIENCE	2016	COMPUTER SCIENCE, THEORY & METHODS	3667	144	49	Q2

序号	期刊	总被引频次	学科主题	学科平均总被引频次	学科期刊数	学科排名	总被引分区
138	FRONTIERS OF COMPUTER SCIENCE	2016	COMPUTER SCIENCE, SOFTWARE ENGINEERING	3222	132	55	Q2
139	FRONTIERS OF EARTH SCIENCE	1347	GEOSCIENCES, MULTIDISCIPLINARY	6854	254	146	Q3
140	FRONTIERS OF ENVIRONMENTAL SCIENCE & ENGINEERING	5123	ENVIRONMENTAL SCIENCES	13701	359	122	Q2
141	FRONTIERS OF ENVIRONMENTAL SCIENCE & ENGINEERING	5123	ENGINEERING, ENVIRONMENTAL	25360	81	37	Q2
142	FRONTIERS OF INFORMATION TECHNOLOGY & ELECTRONIC ENGINEERING	2341	COMPUTER SCIENCE, INFORMATION SYSTEMS	4728	252	88	Q2
143	FRONTIERS OF INFORMATION TECHNOLOGY & ELECTRONIC ENGINEERING	2341	ENGINEERING, ELECTRICAL & ELECTRONIC	9764	355	177	Q2
144	FRONTIERS OF INFORMATION TECHNOLOGY & ELECTRONIC ENGINEERING	2341	COMPUTER SCIENCE, SOFTWARE ENGINEERING	3222	132	46	Q2
145	FRONTIERS OF MATERIALS SCIENCE	1086	MATERIALS SCIENCE, MULTIDISCIPLINARY	18116	440	317	Q3
146	FRONTIERS OF MATHEMATICS IN CHINA	654	MATHEMATICS	1517	491	235	Q2
147	FRONTIERS OF MECHANICAL ENGINEERING	2208	ENGINEERING, MECHANICAL	6412	184	90	Q2
148	FRONTIERS OF MEDICINE	3032	ONCOLOGY	9317	322	167	Q3
149	FRONTIERS OF MEDICINE	3032	MEDICINE, RESEARCH & EXPERIMENTAL	8387	190	90	Q2
150	FRONTIERS OF PHYSICS	3257	PHYSICS, MULTIDISCIPLINARY	11628	112	55	Q2
151	FRONTIERS OF STRUCTURAL AND CIVIL ENGINEERING	2280	ENGINEERING, CIVIL	7678	183	88	Q2
152	FUNGAL DIVERSITY	6411	MYCOLOGY	3180	33	3	Q1
153	GASTROENTEROLOGY REPORT	1663	GASTROENTEROLOGY & HEPATOLOGY	6774	143	84	Q3
154	GENES & DISEASES	3994	BIOCHEMISTRY & MOLECULAR BIOLOGY	16396	313	197	Q3
155	GENES & DISEASES	3994	GENETICS & HEREDITY	7675	191	73	Q2
156	GENOMICS PROTEOMICS & BIOINFORMATICS	5439	GENETICS & HEREDITY	7675	191	56	Q2
157	GEOSCIENCE FRONTIERS	9274	GEOSCIENCES, MULTIDISCIPLINARY	6854	254	56	Q1
158	GEO-SPATIAL INFORMATION SCIENCE	1582	REMOTE SENSING	8215	63	26	Q2
159	GREEN ENERGY & ENVIRONMENT	5277	CHEMISTRY, PHYSICAL	31979	178	97	Q3
160	GREEN ENERGY & ENVIRONMENT	5277	ENERGY & FUELS	19175	174	64	Q2
161	GREEN ENERGY & ENVIRONMENT	5277	GREEN & SUSTAINABLE SCIENCE & TECHNOLOGY	15011	91	26	Q2
162	GREEN ENERGY & ENVIRONMENT	5277	ENGINEERING, CHEMICAL	15589	171	70	Q2
163	HEPATOBILIARY & PANCREATIC DISEASES INTERNATIONAL	2414	GASTROENTEROLOGY & HEPATOLOGY	6774	143	74	Q3

序号	期刊	总被引频次	学科主题	学科平均总被引频次	学科期刊数	学科排名	总被引分区
164	HIGH POWER LASER SCIENCE AND ENGINEERING	1569	OPTICS	8908	120	71	Q3
165	HIGH VOLTAGE	2283	ENGINEERING, ELECTRICAL & ELECTRONIC	9764	355	180	Q3
166	HORTICULTURAL PLANT JOURNAL	1741	PLANT SCIENCES	6846	265	137	Q3
167	HORTICULTURAL PLANT JOURNAL	1741	HORTICULTURE	4627	38	17	Q2
168	HORTICULTURE RESEARCH	9155	GENETICS & HEREDITY	7675	191	33	Q1
169	HORTICULTURE RESEARCH	9155	PLANT SCIENCES	6846	265	46	Q1
170	HORTICULTURE RESEARCH	9155	HORTICULTURE	4627	38	6	Q1
171	IEEE-CAA JOURNAL OF AUTOMATICA SINICA	8846	AUTOMATION & CONTROL SYSTEMS	8604	85	20	Q1
172	INFECTIOUS DISEASES OF POVERTY	4077	INFECTIOUS DISEASES	6249	132	54	Q2
173	INFECTIOUS DISEASES OF POVERTY	4077	PARASITOLOGY	6285	46	17	Q2
174	INFECTIOUS DISEASES OF POVERTY	4077	TROPICAL MEDICINE	5625	28	10	Q2
175	INFOMAT	6532	MATERIALS SCIENCE, MULTIDISCIPLINARY	18116	440	171	Q2
176	INSECT SCIENCE	3835	ENTOMOLOGY	2634	109	21	Q1
177	INTEGRATIVE ZOOLOGY	1992	ZOOLOGY	2469	181	60	Q2
178	INTERDISCIPLINARY SCIENCES-COMPUTATIONAL LIFE SCIENCES	1318	MATHEMATICAL & COMPUTATIONAL BIOLOGY	8517	66	37	Q3
179	INTERNATIONAL JOURNAL OF DIGITAL EARTH	3112	REMOTE SENSING	8215	63	21	Q2
180	INTERNATIONAL JOURNAL OF DIGITAL EARTH	3112	GEOGRAPHY, PHYSICAL	5747	65	25	Q2
181	INTERNATIONAL JOURNAL OF DISASTER RISK SCIENCE	1984	GEOSCIENCES, MULTIDISCIPLINARY	6854	254	131	Q3
182	INTERNATIONAL JOURNAL OF DISASTER RISK SCIENCE	1984	METEOROLOGY & ATMOSPHERIC SCIENCES	9261	110	67	Q3
183	INTERNATIONAL JOURNAL OF DISASTER RISK SCIENCE	1984	WATER RESOURCES	7837	128	71	Q3
184	INTERNATIONAL JOURNAL OF EXTREME MANUFACTURING	2126	MATERIALS SCIENCE, MULTIDISCIPLINARY	18116	440	263	Q3
185	INTERNATIONAL JOURNAL OF EXTREME MANUFACTURING	2126	ENGINEERING, MANUFACTURING	6818	69	32	Q2
186	INTERNATIONAL JOURNAL OF MINERALS METALLURGY AND MATERIALS	6903	MATERIALS SCIENCE, MULTIDISCIPLINARY	18116	440	164	Q2
187	INTERNATIONAL JOURNAL OF MINERALS METALLURGY AND MATERIALS	6903	METALLURGY & METALLURGICAL ENGINEERING	12743	91	25	Q2
188	INTERNATIONAL JOURNAL OF MINERALS METALLURGY AND MATERIALS	6903	MINING & MINERAL PROCESSING	4751	32	8	Q1
189	INTERNATIONAL JOURNAL OF MINING SCIENCE AND TECHNOLOGY	7725	MINING & MINERAL PROCESSING	4751	32	6	Q1

序号	期刊	总被引频次	学科主题	学科平均总被引频次	学科期刊数	学科排名	总被引分区
190	INTERNATIONAL JOURNAL OF ORAL SCIENCE	3639	DENTISTRY, ORAL SURGERY & MEDICINE	3514	158	46	Q2
191	INTERNATIONAL JOURNAL OF SEDIMENT RESEARCH	2098	ENVIRONMENTAL SCIENCES	13701	359	203	Q3
192	INTERNATIONAL JOURNAL OF SEDIMENT RESEARCH	2098	WATER RESOURCES	7837	128	67	Q3
193	INTERNATIONAL SOIL AND WATER CONSERVATION RESEARCH	3057	ENVIRONMENTAL SCIENCES	13701	359	166	Q2
194	INTERNATIONAL SOIL AND WATER CONSERVATION RESEARCH	3057	WATER RESOURCES	7837	128	53	Q2
195	INTERNATIONAL SOIL AND WATER CONSERVATION RESEARCH	3057	SOIL SCIENCE	7718	49	25	Q3
196	JOURNAL OF ADVANCED CERAMICS	7465	MATERIALS SCIENCE, CERAMICS	9794	31	6	Q1
197	JOURNAL OF ANIMAL SCIENCE AND BIOTECHNOLOGY	5806	AGRICULTURE, DAIRY & ANIMAL SCIENCE	4445	80	12	Q1
198	JOURNAL OF ARID LAND	2064	ENVIRONMENTAL SCIENCES	13701	359	205	Q3
199	JOURNAL OF BIONIC ENGINEERING	3956	ROBOTICS	4137	46	18	Q2
200	JOURNAL OF BIONIC ENGINEERING	3956	ENGINEERING, MULTIDISCIPLINARY	4402	182	34	Q1
201	JOURNAL OF BIONIC ENGINEERING	3956	MATERIALS SCIENCE, BIOMATERIALS	11502	53	27	Q3
202	JOURNAL OF CENTRAL SOUTH UNIVERSITY	9020	METALLURGY & METALLURGICAL ENGINEERING	12743	91	24	Q2
203	JOURNAL OF COMPUTATIONAL MATHEMATICS	1060	MATHEMATICS	1517	491	172	Q2
204	JOURNAL OF COMPUTATIONAL MATHEMATICS	1060	MATHEMATICS, APPLIED	2462	333	162	Q2
205	JOURNAL OF COMPUTER SCIENCE AND TECHNOLOGY	1518	COMPUTER SCIENCE, HARDWARE & ARCHITECTURE	4758	59	34	Q3
206	JOURNAL OF COMPUTER SCIENCE AND TECHNOLOGY	1518	COMPUTER SCIENCE, SOFTWARE ENGINEERING	3222	132	65	Q2
207	JOURNAL OF EARTH SCIENCE	3099	GEOSCIENCES, MULTIDISCIPLINARY	6854	254	111	Q2
208	JOURNAL OF ENERGY CHEMISTRY	34273	CHEMISTRY, PHYSICAL	31979	178	42	Q1
209	JOURNAL OF ENERGY CHEMISTRY	34273	ENERGY & FUELS	19175	174	27	Q1
210	JOURNAL OF ENERGY CHEMISTRY	34273	CHEMISTRY, APPLIED	16040	74	8	Q1
211	JOURNAL OF ENERGY CHEMISTRY	34273	ENGINEERING, CHEMICAL	15589	171	18	Q1
212	JOURNAL OF ENVIRONMENTAL SCIENCES	21443	ENVIRONMENTAL SCIENCES	13701	359	43	Q1

序号	期刊	总被引频次	学科主题	学科平均总被引频次	学科期刊数	学科排名	总被引分区
213	JOURNAL OF FORESTRY RESEARCH	4567	FORESTRY	3115	89	16	Q1
214	JOURNAL OF GENETICS AND GENOMICS	3850	BIOCHEMISTRY & MOLECULAR BIOLOGY	16396	313	201	Q3
215	JOURNAL OF GENETICS AND GENOMICS	3850	GENETICS & HEREDITY	7675	191	75	Q2
216	JOURNAL OF GEOGRAPHICAL SCIENCES	6717	GEOGRAPHY, PHYSICAL	5747	65	17	Q2
217	JOURNAL OF GERIATRIC CARDIOLOGY	2057	CARDIAC & CARDIOVASCULAR SYSTEMS	6334	223	106	Q2
218	JOURNAL OF GERIATRIC CARDIOLOGY	2057	GERIATRICS & GERONTOLOGY	6036	74	43	Q3
219	JOURNAL OF HYDRODYNAMICS	3667	MECHANICS	8073	170	67	Q2
220	JOURNAL OF INFRARED AND MILLIMETER WAVES	617	OPTICS	8908	120	99	Q4
221	JOURNAL OF INNOVATIVE OPTICAL HEALTH SCIENCES	1079	OPTICS	8908	120	79	Q3
222	JOURNAL OF INNOVATIVE OPTICAL HEALTH SCIENCES	1079	RADIOLOGY, NUCLEAR MEDICINE & MEDICAL IMAGING	5514	204	134	Q3
223	JOURNAL OF INORGANIC MATERIALS	1716	MATERIALS SCIENCE, CERAMICS	9794	31	11	Q2
224	JOURNAL OF INTEGRATIVE AGRICULTURE	10695	AGRICULTURE, MULTIDISCIPLINARY	4272	89	7	Q1
225	JOURNAL OF INTEGRATIVE MEDICINE–JIM	1678	INTEGRATIVE & COMPLEMENTARY MEDICINE	3690	43	18	Q2
226	JOURNAL OF INTEGRATIVE PLANT BIOLOGY	10706	BIOCHEMISTRY & MOLECULAR BIOLOGY	16396	313	110	Q2
227	JOURNAL OF INTEGRATIVE PLANT BIOLOGY	10706	PLANT SCIENCES	6846	265	41	Q1
228	JOURNAL OF IRON AND STEEL RESEARCH INTERNATIONAL	4935	METALLURGY & METALLURGICAL ENGINEERING	12743	91	30	Q2
229	JOURNAL OF MAGNESIUM AND ALLOYS	11755	METALLURGY & METALLURGICAL ENGINEERING	12743	91	20	Q1
230	JOURNAL OF MATERIALS SCIENCE & TECHNOLOGY	43703	MATERIALS SCIENCE, MULTIDISCIPLINARY	18116	440	41	Q1
231	JOURNAL OF MATERIALS SCIENCE & TECHNOLOGY	43703	METALLURGY & METALLURGICAL ENGINEERING	12743	91	7	Q1
232	JOURNAL OF MATERIOMICS	5056	CHEMISTRY, PHYSICAL	31979	178	100	Q3
233	JOURNAL OF MATERIOMICS	5056	MATERIALS SCIENCE, MULTIDISCIPLINARY	18116	440	194	Q2
234	JOURNAL OF MATERIOMICS	5056	PHYSICS, APPLIED	23138	180	90	Q2
235	JOURNAL OF METEOROLOGICAL RESEARCH	1906	METEOROLOGY & ATMOSPHERIC SCIENCES	9261	110	69	Q3
236	JOURNAL OF MODERN POWER SYSTEMS AND CLEAN ENERGY	4812	ENGINEERING, ELECTRICAL & ELECTRONIC	9764	355	127	Q2

序号	期刊	总被引频次	学科主题	学科平均总被引频次	学科期刊数	学科排名	总被引分区
237	JOURNAL OF MOLECULAR CELL BIOLOGY	3467	CELL BIOLOGY	14801	205	128	Q3
238	JOURNAL OF MOUNTAIN SCIENCE	5099	ENVIRONMENTAL SCIENCES	13701	359	124	Q2
239	JOURNAL OF OCEAN ENGINEERING AND SCIENCE	2205	ENGINEERING, OCEAN	6747	18	9	Q2
240	JOURNAL OF OCEAN ENGINEERING AND SCIENCE	2205	ENGINEERING, MARINE	3792	25	7	Q2
241	JOURNAL OF OCEAN UNIVERSITY OF CHINA	2192	OCEANOGRAPHY	6558	65	35	Q3
242	JOURNAL OF OCEANOLOGY AND LIMNOLOGY	1532	OCEANOGRAPHY	6558	65	43	Q3
243	JOURNAL OF OCEANOLOGY AND LIMNOLOGY	1532	LIMNOLOGY	6235	22	13	Q3
244	JOURNAL OF PALAEOGEOGRAPHY-ENGLISH	703	GEOSCIENCES, MULTIDISCIPLINARY	6854	254	182	Q3
245	JOURNAL OF PALAEOGEOGRAPHY-ENGLISH	703	PALEONTOLOGY	2064	57	38	Q3
246	JOURNAL OF PHARMACEUTICAL ANALYSIS	4263	PHARMACOLOGY & PHARMACY	7189	354	136	Q2
247	JOURNAL OF PLANT ECOLOGY	2877	PLANT SCIENCES	6846	265	107	Q2
248	JOURNAL OF PLANT ECOLOGY	2877	ECOLOGY	7711	197	93	Q2
249	JOURNAL OF PLANT ECOLOGY	2877	FORESTRY	3115	89	22	Q1
250	JOURNAL OF RARE EARTHS	9100	CHEMISTRY, APPLIED	16040	74	23	Q2
251	JOURNAL OF ROCK MECHANICS AND GEOTECHNICAL ENGINEERING	8326	ENGINEERING, GEOLOGICAL	5944	63	18	Q2
252	JOURNAL OF SPORT AND HEALTH SCIENCE	4360	HOSPITALITY, LEISURE, SPORT & TOURISM	2196	140	14	Q1
253	JOURNAL OF SPORT AND HEALTH SCIENCE	4360	SPORT SCIENCES	4805	127	33	Q2
254	JOURNAL OF SYSTEMATICS AND EVOLUTION	2703	PLANT SCIENCES	6846	265	111	Q2
255	JOURNAL OF SYSTEMS ENGINEERING AND ELECTRONICS	2314	ENGINEERING, ELECTRICAL & ELECTRONIC	9764	355	179	Q3
256	JOURNAL OF SYSTEMS ENGINEERING AND ELECTRONICS	2314	AUTOMATION & CONTROL SYSTEMS	8604	85	41	Q2
257	JOURNAL OF SYSTEMS ENGINEERING AND ELECTRONICS	2314	OPERATIONS RESEARCH & MANAGEMENT SCIENCE	6214	106	42	Q2
258	JOURNAL OF SYSTEMS SCIENCE & COMPLEXITY	1830	MATHEMATICS, INTERDISCIPLINARY APPLICATIONS	3929	135	55	Q2
259	JOURNAL OF SYSTEMS SCIENCE AND SYSTEMS ENGINEERING	780	OPERATIONS RESEARCH & MANAGEMENT SCIENCE	6214	106	70	Q3
260	JOURNAL OF THERMAL SCIENCE	2380	ENGINEERING, MECHANICAL	6412	184	87	Q2
261	JOURNAL OF THERMAL SCIENCE	2380	THERMODYNAMICS	11058	79	39	Q2

序号	期刊	总被引频次	学科主题	学科平均总被引频次	学科期刊数	学科排名	总被引分区
262	JOURNAL OF TRADITIONAL CHINESE MEDICINE	2650	INTEGRATIVE & COMPLEMENTARY MEDICINE	3690	43	15	Q2
263	JOURNAL OF TROPICAL METEOROLOGY	745	METEOROLOGY & ATMOSPHERIC SCIENCES	9261	110	90	Q4
264	JOURNAL OF WUHAN UNIVERSITY OF TECHNOLOGY–MATERIALS SCIENCE EDITION	3516	MATERIALS SCIENCE, MULTIDISCIPLINARY	18116	440	216	Q2
265	JOURNAL OF ZHEJIANG UNIVERSITY–SCIENCE A	2685	PHYSICS, APPLIED	23138	180	111	Q3
266	JOURNAL OF ZHEJIANG UNIVERSITY–SCIENCE A	2685	ENGINEERING, MULTIDISCIPLINARY	4402	182	46	Q2
267	JOURNAL OF ZHEJIANG UNIVERSITY–SCIENCE B	4266	BIOCHEMISTRY & MOLECULAR BIOLOGY	16396	313	189	Q3
268	JOURNAL OF ZHEJIANG UNIVERSITY–SCIENCE B	4266	MEDICINE, RESEARCH & EXPERIMENTAL	8387	190	77	Q2
269	JOURNAL OF ZHEJIANG UNIVERSITY–SCIENCE B	4266	BIOTECHNOLOGY & APPLIED MICROBIOLOGY	11222	175	86	Q2
270	LIGHT–SCIENCE & APPLICATIONS	22600	OPTICS	8908	120	12	Q1
271	MARINE LIFE SCIENCE & TECHNOLOGY	854	MARINE & FRESHWATER BIOLOGY	5223	119	84	Q3
272	MATTER AND RADIATION AT EXTREMES	1286	PHYSICS, MULTIDISCIPLINARY	11628	112	72	Q3
273	MICROSYSTEMS & NANOENGINEERING	4573	NANOSCIENCE & NANOTECHNOLOGY	23848	142	62	Q2
274	MICROSYSTEMS & NANOENGINEERING	4573	INSTRUMENTS & INSTRUMENTATION	12504	76	32	Q2
275	MILITARY MEDICAL RESEARCH	4376	MEDICINE, GENERAL & INTERNAL	7733	333	83	Q1
276	MOLECULAR PLANT	23955	BIOCHEMISTRY & MOLECULAR BIOLOGY	16396	313	46	Q1
277	MOLECULAR PLANT	23955	PLANT SCIENCES	6846	265	19	Q1
278	MYCOSPHERE	2198	MYCOLOGY	3180	33	16	Q2
279	NANO RESEARCH	43791	CHEMISTRY, PHYSICAL	31979	178	35	Q1
280	NANO RESEARCH	43791	MATERIALS SCIENCE, MULTIDISCIPLINARY	18116	440	40	Q1
281	NANO RESEARCH	43791	NANOSCIENCE & NANOTECHNOLOGY	23848	142	19	Q1
282	NANO RESEARCH	43791	PHYSICS, APPLIED	23138	180	23	Q1
283	NANO–MICRO LETTERS	24758	MATERIALS SCIENCE, MULTIDISCIPLINARY	18116	440	71	Q1
284	NANO–MICRO LETTERS	24758	NANOSCIENCE & NANOTECHNOLOGY	23848	142	27	Q1
285	NANO–MICRO LETTERS	24758	PHYSICS, APPLIED	23138	180	33	Q1
286	NATIONAL SCIENCE REVIEW	15548	MULTIDISCIPLINARY SCIENCES	40426	135	21	Q1
287	NEURAL REGENERATION RESEARCH	11891	CELL BIOLOGY	14801	205	68	Q2
288	NEURAL REGENERATION RESEARCH	11891	NEUROSCIENCES	9679	310	75	Q1
289	NEUROSCIENCE BULLETIN	4675	NEUROSCIENCES	9679	310	150	Q2

序号	期刊	总被引频次	学科主题	学科平均总被引频次	学科期刊数	学科排名	总被引分区
290	NEW CARBON MATERIALS	2626	MATERIALS SCIENCE, MULTIDISCIPLINARY	18116	440	244	Q3
291	NPJ COMPUTATIONAL MATERIALS	11949	CHEMISTRY, PHYSICAL	31979	178	69	Q2
292	NPJ COMPUTATIONAL MATERIALS	11949	MATERIALS SCIENCE, MULTIDISCIPLINARY	18116	440	118	Q2
293	NPJ FLEXIBLE ELECTRONICS	3116	MATERIALS SCIENCE, MULTIDISCIPLINARY	18116	440	227	Q3
294	NPJ FLEXIBLE ELECTRONICS	3116	ENGINEERING, ELECTRICAL & ELECTRONIC	9764	355	150	Q2
295	NUCLEAR SCIENCE AND TECHNIQUES	2708	PHYSICS, NUCLEAR	10758	22	15	Q3
296	NUCLEAR SCIENCE AND TECHNIQUES	2708	NUCLEAR SCIENCE & TECHNOLOGY	6568	40	23	Q3
297	NUMERICAL MATHEMATICS–THEORY METHODS AND APPLICATIONS	569	MATHEMATICS	1517	491	255	Q3
298	NUMERICAL MATHEMATICS–THEORY METHODS AND APPLICATIONS	569	MATHEMATICS, APPLIED	2462	333	214	Q3
299	OPTO–ELECTRONIC ADVANCES	2197	OPTICS	8908	120	63	Q3
300	PARTICUOLOGY	5148	MATERIALS SCIENCE, MULTIDISCIPLINARY	18116	440	192	Q2
301	PARTICUOLOGY	5148	ENGINEERING, CHEMICAL	15589	171	71	Q2
302	PEDOSPHERE	5649	SOIL SCIENCE	7718	49	14	Q2
303	PETROLEUM EXPLORATION AND DEVELOPMENT	8378	ENERGY & FUELS	19175	174	52	Q2
304	PETROLEUM EXPLORATION AND DEVELOPMENT	8378	GEOSCIENCES, MULTIDISCIPLINARY	6854	254	60	Q1
305	PETROLEUM EXPLORATION AND DEVELOPMENT	8378	ENGINEERING, PETROLEUM	3486	26	3	Q1
306	PETROLEUM SCIENCE	5334	ENERGY & FUELS	19175	174	63	Q2
307	PETROLEUM SCIENCE	5334	ENGINEERING, PETROLEUM	3486	26	4	Q1
308	PHOTONIC SENSORS	1253	OPTICS	8908	120	77	Q3
309	PHOTONIC SENSORS	1253	INSTRUMENTS & INSTRUMENTATION	12504	76	51	Q3
310	PHOTONICS RESEARCH	10523	OPTICS	8908	120	27	Q1
311	PHYTOPATHOLOGY RESEARCH	569	PLANT SCIENCES	6846	265	204	Q4
312	PLANT COMMUNICATIONS	2249	BIOCHEMISTRY & MOLECULAR BIOLOGY	16396	313	234	Q3
313	PLANT COMMUNICATIONS	2249	PLANT SCIENCES	6846	265	123	Q2
314	PLANT DIVERSITY	1527	PLANT SCIENCES	6846	265	143	Q3
315	PLANT PHENOMICS	943	PLANT SCIENCES	6846	265	173	Q3
316	PLANT PHENOMICS	943	REMOTE SENSING	8215	63	33	Q3
317	PLANT PHENOMICS	943	AGRONOMY	4507	126	72	Q3
318	PLASMA SCIENCE & TECHNOLOGY	2927	PHYSICS, FLUIDS & PLASMAS	11436	40	21	Q3
319	PROGRESS IN BIOCHEMISTRY AND BIOPHYSICS	384	BIOCHEMISTRY & MOLECULAR BIOLOGY	16396	313	298	Q4

序号	期刊	总被引频次	学科主题	学科平均总被引频次	学科期刊数	学科排名	总被引分区
320	PROGRESS IN BIOCHEMISTRY AND BIOPHYSICS	384	BIOPHYSICS	9558	77	69	Q4
321	PROGRESS IN CHEMISTRY	1594	CHEMISTRY, MULTIDISCIPLINARY	26298	232	156	Q3
322	PROGRESS IN NATURAL SCIENCE–MATERIALS INTERNATIONAL	7002	MATERIALS SCIENCE, MULTIDISCIPLINARY	18116	440	163	Q2
323	PROPULSION AND POWER RESEARCH	1275	ENGINEERING, AEROSPACE	3641	52	22	Q2
324	PROPULSION AND POWER RESEARCH	1275	ENGINEERING, MECHANICAL	6412	184	113	Q3
325	PROPULSION AND POWER RESEARCH	1275	THERMODYNAMICS	11058	79	52	Q3
326	PROTEIN & CELL	7518	CELL BIOLOGY	14801	205	88	Q2
327	RARE METAL MATERIALS AND ENGINEERING	4316	MATERIALS SCIENCE, MULTIDISCIPLINARY	18116	440	202	Q2
328	RARE METAL MATERIALS AND ENGINEERING	4316	METALLURGY & METALLURGICAL ENGINEERING	12743	91	32	Q2
329	RARE METALS	11270	MATERIALS SCIENCE, MULTIDISCIPLINARY	18116	440	119	Q2
330	RARE METALS	11270	METALLURGY & METALLURGICAL ENGINEERING	12743	91	21	Q1
331	REGENERATIVE BIOMATERIALS	2425	MATERIALS SCIENCE, BIOMATERIALS	11502	53	36	Q3
332	RESEARCH	5870	MULTIDISCIPLINARY SCIENCES	40426	135	34	Q2
333	RESEARCH IN ASTRONOMY AND ASTROPHYSICS	3864	ASTRONOMY & ASTROPHYSICS	17501	84	33	Q2
334	RICE SCIENCE	2188	PLANT SCIENCES	6846	265	124	Q2
335	RICE SCIENCE	2188	AGRONOMY	4507	126	42	Q2
336	SATELLITE NAVIGATION	834	TELECOMMUNICATIONS	7917	119	83	Q3
337	SATELLITE NAVIGATION	834	REMOTE SENSING	8215	63	35	Q3
338	SATELLITE NAVIGATION	834	ENGINEERING, AEROSPACE	3641	52	26	Q2
339	SCIENCE BULLETIN	18163	MULTIDISCIPLINARY SCIENCES	40426	135	17	Q1
340	SCIENCE CHINA–CHEMISTRY	11795	CHEMISTRY, MULTIDISCIPLINARY	26298	232	65	Q2
341	SCIENCE CHINA–EARTH SCIENCES	9848	GEOSCIENCES, MULTIDISCIPLINARY	6854	254	53	Q1
342	SCIENCE CHINA–INFORMATION SCIENCES	7407	COMPUTER SCIENCE, INFORMATION SYSTEMS	4728	252	33	Q1
343	SCIENCE CHINA–INFORMATION SCIENCES	7407	ENGINEERING, ELECTRICAL & ELECTRONIC	9764	355	101	Q2
344	SCIENCE CHINA–LIFE SCIENCES	7892	BIOLOGY	7711	109	21	Q1
345	SCIENCE CHINA–MATERIALS	9947	MATERIALS SCIENCE, MULTIDISCIPLINARY	18116	440	128	Q2
346	SCIENCE CHINA–MATHEMATICS	2303	MATHEMATICS	1517	491	82	Q1

序号	期刊	总被引频次	学科主题	学科平均总被引频次	学科期刊数	学科排名	总被引分区
347	SCIENCE CHINA–MATHEMATICS	2303	MATHEMATICS, APPLIED	2462	333	92	Q2
348	SCIENCE CHINA–PHYSICS MECHANICS & ASTRONOMY	5755	PHYSICS, MULTIDISCIPLINARY	11628	112	44	Q2
349	SCIENCE CHINA–TECHNOLOGICAL SCIENCES	8687	MATERIALS SCIENCE, MULTIDISCIPLINARY	18116	440	140	Q2
350	SCIENCE CHINA–TECHNOLOGICAL SCIENCES	8687	ENGINEERING, MULTIDISCIPLINARY	4402	182	21	Q1
351	SIGNAL TRANSDUCTION AND TARGETED THERAPY	29883	BIOCHEMISTRY & MOLECULAR BIOLOGY	16396	313	38	Q1
352	SIGNAL TRANSDUCTION AND TARGETED THERAPY	29883	CELL BIOLOGY	14801	205	28	Q1
353	SPECTROSCOPY AND SPECTRAL ANALYSIS	4105	SPECTROSCOPY	5394	44	19	Q2
354	STROKE AND VASCULAR NEUROLOGY	2375	CLINICAL NEUROLOGY	6805	281	149	Q3
355	SUSMAT	1638	CHEMISTRY, MULTIDISCIPLINARY	26298	232	155	Q3
356	SUSMAT	1638	MATERIALS SCIENCE, MULTIDISCIPLINARY	18116	440	292	Q3
357	SUSMAT	1638	GREEN & SUSTAINABLE SCIENCE & TECHNOLOGY	15011	91	54	Q3
358	SYNTHETIC AND SYSTEMS BIOTECHNOLOGY	1312	BIOTECHNOLOGY & APPLIED MICROBIOLOGY	11222	175	140	Q4
359	TRANSACTIONS OF NONFERROUS METALS SOCIETY OF CHINA	16324	METALLURGY & METALLURGICAL ENGINEERING	12743	91	12	Q1
360	TRANSLATIONAL NEURODEGENERATION	3460	NEUROSCIENCES	9679	310	176	Q3
361	TSINGHUA SCIENCE AND TECHNOLOGY	2107	COMPUTER SCIENCE, INFORMATION SYSTEMS	4728	252	91	Q2
362	TSINGHUA SCIENCE AND TECHNOLOGY	2107	ENGINEERING, ELECTRICAL & ELECTRONIC	9764	355	189	Q3
363	TSINGHUA SCIENCE AND TECHNOLOGY	2107	COMPUTER SCIENCE, SOFTWARE ENGINEERING	3222	132	49	Q2
364	UNDERGROUND SPACE	1880	ENGINEERING, CIVIL	7678	183	97	Q3
365	VIROLOGICA SINICA	2461	VIROLOGY	9657	41	26	Q3
366	WORLD JOURNAL OF EMERGENCY MEDICINE	891	EMERGENCY MEDICINE	2692	54	31	Q3
367	WORLD JOURNAL OF PEDIATRICS	2753	PEDIATRICS	4060	186	76	Q2
368	ZOOLOGICAL RESEARCH	2141	ZOOLOGY	2469	181	55	Q2

5.3 2023 年中国科技期刊在各学科中的影响因子排名

序号	期刊	影响因子	学科主题	学科平均影响因子	学科期刊数	学科排名	影响因子分区
1	ACTA BIOCHIMICA ET BIOPHYSICA SINICA	3.3	BIOCHEMISTRY & MOLECULAR BIOLOGY	4.4	313	149	Q2
2	ACTA BIOCHIMICA ET BIOPHYSICA SINICA	3.3	BIOPHYSICS	3.2	77	19	Q1
3	ACTA CHIMICA SINICA	1.7	CHEMISTRY, MULTIDISCIPLINARY	4.9	232	147	Q3
4	ACTA GEOLOGICA SINICA–ENGLISH EDITION	2.1	GEOSCIENCES, MULTIDISCIPLINARY	2.8	254	127	Q2
5	ACTA MATHEMATICA SCIENTIA	1.2	MATHEMATICS	0.9	491	80	Q1
6	ACTA MATHEMATICA SINICA–ENGLISH SERIES	0.8	MATHEMATICS	0.9	491	179	Q2
7	ACTA MATHEMATICA SINICA–ENGLISH SERIES	0.8	MATHEMATICS, APPLIED	1.3	333	219	Q3
8	ACTA MATHEMATICAE APPLICATAE SINICA–ENGLISH SERIES	0.9	MATHEMATICS, APPLIED	1.3	333	201	Q3
9	ACTA MECHANICA SINICA	3.8	MECHANICS	2.7	170	32	Q1
10	ACTA MECHANICA SINICA	3.8	ENGINEERING, MECHANICAL	2.7	184	39	Q1
11	ACTA MECHANICA SOLIDA SINICA	2.0	MATERIALS SCIENCE, MULTIDISCIPLINARY	5.3	440	294	Q3
12	ACTA MECHANICA SOLIDA SINICA	2.0	MECHANICS	2.7	170	91	Q3
13	ACTA METALLURGICA SINICA	2.4	METALLURGY & METALLURGICAL ENGINEERING	2.4	91	29	Q2
14	ACTA METALLURGICA SINICA–ENGLISH LETTERS	2.9	METALLURGY & METALLURGICAL ENGINEERING	2.4	91	23	Q2
15	ACTA OCEANOLOGICA SINICA	1.4	OCEANOGRAPHY	2.3	65	46	Q3
16	ACTA PETROLOGICA SINICA	1.7	GEOLOGY	1.3	61	16	Q2
17	ACTA PHARMACEUTICA SINICA B	14.8	PHARMACOLOGY & PHARMACY	3.4	354	5	Q1
18	ACTA PHARMACOLOGICA SINICA	6.9	CHEMISTRY, MULTIDISCIPLINARY	4.9	232	48	Q1
19	ACTA PHARMACOLOGICA SINICA	6.9	PHARMACOLOGY & PHARMACY	3.4	354	15	Q1
20	ACTA PHYSICA SINICA	0.8	PHYSICS, MULTIDISCIPLINARY	3.5	112	79	Q3
21	ACTA PHYSICO–CHIMICA SINICA	10.8	CHEMISTRY, PHYSICAL	5.9	178	24	Q1
22	ACTA POLYMERICA SINICA	1.7	POLYMER SCIENCE	3.4	95	71	Q3

序号	期刊	影响因子	学科主题	学科平均影响因子	学科期刊数	学科排名	影响因子分区
23	ADVANCED FIBER MATERIALS	17.2	MATERIALS SCIENCE, MULTIDISCIPLINARY	5.3	440	23	Q1
24	ADVANCED FIBER MATERIALS	17.2	MATERIALS SCIENCE, TEXTILES	2.2	30	1	Q1
25	ADVANCED PHOTONICS	20.6	OPTICS	3.7	120	4	Q1
26	ADVANCES IN APPLIED MATHEMATICS AND MECHANICS	1.5	MECHANICS	2.7	170	115	Q3
27	ADVANCES IN APPLIED MATHEMATICS AND MECHANICS	1.5	MATHEMATICS, APPLIED	1.3	333	98	Q2
28	ADVANCES IN ATMOSPHERIC SCIENCES	6.5	METEOROLOGY & ATMOSPHERIC SCIENCES	3.5	110	9	Q1
29	ADVANCES IN CLIMATE CHANGE RESEARCH	6.4	ENVIRONMENTAL SCIENCES	4.1	359	50	Q1
30	ADVANCES IN CLIMATE CHANGE RESEARCH	6.4	METEOROLOGY & ATMOSPHERIC SCIENCES	3.5	110	10	Q1
31	ADVANCES IN MANUFACTURING	4.2	MATERIALS SCIENCE, MULTIDISCIPLINARY	5.3	440	158	Q2
32	ADVANCES IN MANUFACTURING	4.2	ENGINEERING, MANUFACTURING	3.9	69	20	Q2
33	ALGEBRA COLLOQUIUM	0.4	MATHEMATICS	0.9	491	380	Q4
34	ALGEBRA COLLOQUIUM	0.4	MATHEMATICS, APPLIED	1.3	333	295	Q4
35	ANIMAL NUTRITION	6.1	AGRICULTURE, DAIRY & ANIMAL SCIENCE	1.7	80	3	Q1
36	ANIMAL NUTRITION	6.1	VETERINARY SCIENCES	1.6	168	3	Q1
37	APPLIED GEOPHYSICS	0.7	GEOCHEMISTRY & GEOPHYSICS	2.6	101	85	Q4
38	APPLIED MATHEMATICS AND MECHANICS–ENGLISH EDITION	4.5	MECHANICS	2.7	170	21	Q1
39	APPLIED MATHEMATICS AND MECHANICS–ENGLISH EDITION	4.5	MATHEMATICS, APPLIED	1.3	333	3	Q1
40	APPLIED MATHEMATICS–A JOURNAL OF CHINESE UNIVERSITIES SERIES B	1.2	MATHEMATICS, APPLIED	1.3	333	140	Q2
41	ASIAN HERPETOLOGICAL RESEARCH	1.2	ZOOLOGY	1.4	181	84	Q2
42	ASIAN JOURNAL OF ANDROLOGY	3.0	UROLOGY & NEPHROLOGY	2.9	128	30	Q1
43	ASIAN JOURNAL OF ANDROLOGY	3.0	ANDROLOGY	2.4	8	3	Q2
44	ASIAN JOURNAL OF PHARMACEUTICAL SCIENCES	10.7	PHARMACOLOGY & PHARMACY	3.4	354	11	Q1
45	AVIAN RESEARCH	1.6	ORNITHOLOGY	1.0	29	4	Q1
46	BIOACTIVE MATERIALS	18.0	ENGINEERING, BIOMEDICAL	4.0	123	2	Q1
47	BIOACTIVE MATERIALS	18.0	MATERIALS SCIENCE, BIOMATERIALS	4.7	53	1	Q1
48	BIOCHAR	13.1	ENVIRONMENTAL SCIENCES	4.1	359	10	Q1

序号	期刊	影响因子	学科主题	学科平均影响因子	学科期刊数	学科排名	影响因子分区
49	BIOCHAR	13.1	SOIL SCIENCE	3.2	49	1	Q1
50	BIO-DESIGN AND MANUFACTURING	8.1	ENGINEERING, BIOMEDICAL	4.0	123	13	Q1
51	BIOMEDICAL AND ENVIRONMENTAL SCIENCES	3.0	PUBLIC, ENVIRONMENTAL & OCCUPATIONAL HEALTH	3.0	408	115	Q2
52	BIOMEDICAL AND ENVIRONMENTAL SCIENCES	3.0	ENVIRONMENTAL SCIENCES	4.1	359	169	Q2
53	BONE RESEARCH	14.3	CELL & TISSUE ENGINEERING	4.5	31	2	Q1
54	BUILDING SIMULATION	6.1	CONSTRUCTION & BUILDING TECHNOLOGY	2.8	92	13	Q1
55	BUILDING SIMULATION	6.1	THERMODYNAMICS	3.0	79	7	Q1
56	CANCER BIOLOGY & MEDICINE	5.6	ONCOLOGY	6.5	322	56	Q1
57	CANCER BIOLOGY & MEDICINE	5.6	MEDICINE, RESEARCH & EXPERIMENTAL	3.9	190	34	Q1
58	CANCER COMMUNICATIONS	20.1	ONCOLOGY	6.5	322	14	Q1
59	CARBON ENERGY	19.5	CHEMISTRY, PHYSICAL	5.9	178	8	Q1
60	CARBON ENERGY	19.5	ENERGY & FUELS	5.8	174	7	Q1
61	CARBON ENERGY	19.5	MATERIALS SCIENCE, MULTIDISCIPLINARY	5.3	440	17	Q1
62	CARBON ENERGY	19.5	NANOSCIENCE & NANOTECHNOLOGY	6.2	142	6	Q1
63	CELL RESEARCH	28.2	CELL BIOLOGY	6.1	205	6	Q1
64	CELLULAR & MOLECULAR IMMUNOLOGY	21.8	IMMUNOLOGY	4.9	181	5	Q1
65	CHEMICAL JOURNAL OF CHINESE UNIVERSITIES-CHINESE	0.7	CHEMISTRY, MULTIDISCIPLINARY	4.9	232	193	Q4
66	CHEMICAL RESEARCH IN CHINESE UNIVERSITIES	3.1	CHEMISTRY, MULTIDISCIPLINARY	4.9	232	99	Q2
67	CHINA CDC WEEKLY	4.3	PUBLIC, ENVIRONMENTAL & OCCUPATIONAL HEALTH	3.0	408	49	Q1
68	CHINA COMMUNICATIONS	3.1	TELECOMMUNICATIONS	3.5	119	51	Q2
69	CHINA FOUNDRY	1.7	METALLURGY & METALLURGICAL ENGINEERING	2.4	91	40	Q2
70	CHINA OCEAN ENGINEERING	1.8	ENGINEERING, CIVIL	2.5	183	95	Q3
71	CHINA OCEAN ENGINEERING	1.8	WATER RESOURCES	2.8	128	79	Q3
72	CHINA OCEAN ENGINEERING	1.8	ENGINEERING, MECHANICAL	2.7	184	100	Q3
73	CHINA OCEAN ENGINEERING	1.8	ENGINEERING, OCEAN	2.7	18	10	Q3
74	CHINA PETROLEUM PROCESSING & PETROCHEMICAL TECHNOLOGY	0.6	ENERGY & FUELS	5.8	174	160	Q4

序号	期刊	影响因子	学科主题	学科平均影响因子	学科期刊数	学科排名	影响因子分区
75	CHINA PETROLEUM PROCESSING & PETROCHEMICAL TECHNOLOGY	0.6	ENGINEERING, CHEMICAL	3.9	171	150	Q4
76	CHINA PETROLEUM PROCESSING & PETROCHEMICAL TECHNOLOGY	0.6	ENGINEERING, PETROLEUM	2.2	26	19	Q3
77	CHINESE ANNALS OF MATHEMATICS SERIES B	0.5	MATHEMATICS	0.9	491	326	Q3
78	CHINESE CHEMICAL LETTERS	9.4	CHEMISTRY, MULTIDISCIPLINARY	4.9	232	30	Q1
79	CHINESE GEOGRAPHICAL SCIENCE	3.4	ENVIRONMENTAL SCIENCES	4.1	359	154	Q2
80	CHINESE JOURNAL OF AERONAUTICS	5.3	ENGINEERING, AEROSPACE	2.0	52	4	Q1
81	CHINESE JOURNAL OF ANALYTICAL CHEMISTRY	1.2	CHEMISTRY, ANALYTICAL	3.0	106	86	Q4
82	CHINESE JOURNAL OF CANCER RESEARCH	7.0	ONCOLOGY	6.5	322	41	Q1
83	CHINESE JOURNAL OF CATALYSIS	15.7	CHEMISTRY, PHYSICAL	5.9	178	15	Q1
84	CHINESE JOURNAL OF CATALYSIS	15.7	CHEMISTRY, APPLIED	3.3	74	1	Q1
85	CHINESE JOURNAL OF CATALYSIS	15.7	ENGINEERING, CHEMICAL	3.9	171	5	Q1
86	CHINESE JOURNAL OF CHEMICAL ENGINEERING	3.7	ENGINEERING, CHEMICAL	3.9	171	58	Q2
87	CHINESE JOURNAL OF CHEMICAL PHYSICS	1.2	PHYSICS, ATOMIC, MOLECULAR & CHEMICAL	2.5	40	34	Q4
88	CHINESE JOURNAL OF CHEMISTRY	5.5	CHEMISTRY, MULTIDISCIPLINARY	4.9	232	62	Q2
89	CHINESE JOURNAL OF ELECTRONICS	1.6	ENGINEERING, ELECTRICAL & ELECTRONIC	3.3	355	240	Q3
90	CHINESE JOURNAL OF GEOPHYSICS–CHINESE EDITION	1.6	GEOCHEMISTRY & GEOPHYSICS	2.6	101	55	Q3
91	CHINESE JOURNAL OF INORGANIC CHEMISTRY	0.8	CHEMISTRY, INORGANIC & NUCLEAR	3.1	44	42	Q4
92	CHINESE JOURNAL OF INTEGRATIVE MEDICINE	2.2	INTEGRATIVE & COMPLEMENTARY MEDICINE	2.3	43	17	Q2
93	CHINESE JOURNAL OF MECHANICAL ENGINEERING	4.6	ENGINEERING, MECHANICAL	2.7	184	32	Q1
94	CHINESE JOURNAL OF NATURAL MEDICINES	4.0	PHARMACOLOGY & PHARMACY	3.4	354	82	Q1
95	CHINESE JOURNAL OF NATURAL MEDICINES	4.0	INTEGRATIVE & COMPLEMENTARY MEDICINE	2.3	43	8	Q1
96	CHINESE JOURNAL OF ORGANIC CHEMISTRY	1.8	CHEMISTRY, ORGANIC	2.3	58	30	Q3
97	CHINESE JOURNAL OF POLYMER SCIENCE	4.1	POLYMER SCIENCE	3.4	95	27	Q2

序号	期刊	影响因子	学科主题	学科平均影响因子	学科期刊数	学科排名	影响因子分区
98	CHINESE JOURNAL OF STRUCTURAL CHEMISTRY	5.9	CHEMISTRY, INORGANIC & NUCLEAR	3.1	44	4	Q1
99	CHINESE JOURNAL OF STRUCTURAL CHEMISTRY	5.9	CRYSTALLOGRAPHY	1.9	33	1	Q1
100	CHINESE MEDICAL JOURNAL	7.5	MEDICINE, GENERAL & INTERNAL	3.4	333	20	Q1
101	CHINESE OPTICS LETTERS	3.3	OPTICS	3.7	120	33	Q2
102	CHINESE PHYSICS B	1.5	PHYSICS, MULTIDISCIPLINARY	3.5	112	56	Q2
103	CHINESE PHYSICS C	3.6	PHYSICS, NUCLEAR	2.9	22	4	Q1
104	CHINESE PHYSICS C	3.6	PHYSICS, PARTICLES & FIELDS	3.8	31	11	Q2
105	CHINESE PHYSICS LETTERS	3.5	PHYSICS, MULTIDISCIPLINARY	3.5	112	26	Q1
106	COMMUNICATIONS IN MATHEMATICS AND STATISTICS	1.1	MATHEMATICS	0.9	491	98	Q1
107	COMMUNICATIONS IN THEORETICAL PHYSICS	2.4	PHYSICS, MULTIDISCIPLINARY	3.5	112	40	Q2
108	COMPUTATIONAL VISUAL MEDIA	17.3	COMPUTER SCIENCE, SOFTWARE ENGINEERING	2.7	132	1	Q1
109	CROP JOURNAL	6.0	PLANT SCIENCES	2.6	265	22	Q1
110	CROP JOURNAL	6.0	AGRONOMY	1.9	126	5	Q1
111	CSEE JOURNAL OF POWER AND ENERGY SYSTEMS	6.9	ENERGY & FUELS	5.8	174	44	Q2
112	CSEE JOURNAL OF POWER AND ENERGY SYSTEMS	6.9	ENGINEERING, ELECTRICAL & ELECTRONIC	3.3	355	35	Q1
113	CURRENT MEDICAL SCIENCE	2.0	MEDICINE, RESEARCH & EXPERIMENTAL	3.9	190	122	Q3
114	CURRENT ZOOLOGY	1.6	ZOOLOGY	1.4	181	52	Q2
115	DEFENCE TECHNOLOGY	5.0	ENGINEERING, MULTIDISCIPLINARY	2.0	182	19	Q1
116	DIGITAL COMMUNICATIONS AND NETWORKS	7.5	TELECOMMUNICATIONS	3.5	119	10	Q1
117	EARTHQUAKE ENGINEERING AND ENGINEERING VIBRATION	2.6	ENGINEERING, CIVIL	2.5	183	67	Q2
118	EARTHQUAKE ENGINEERING AND ENGINEERING VIBRATION	2.6	ENGINEERING, GEOLOGICAL	2.6	63	26	Q2
119	ECOLOGICAL PROCESSES	4.6	ENVIRONMENTAL SCIENCES	4.1	359	98	Q2
120	ECOLOGICAL PROCESSES	4.6	ECOLOGY	2.7	197	27	Q1
121	ECOSYSTEM HEALTH AND SUSTAINABILITY	4.2	ENVIRONMENTAL SCIENCES	4.1	359	110	Q2
122	ECOSYSTEM HEALTH AND SUSTAINABILITY	4.2	ECOLOGY	2.7	197	36	Q1
123	ELECTROCHEMICAL ENERGY REVIEWS	28.5	ELECTROCHEMISTRY	5.4	45	2	Q1
124	ENERGY & ENVIRONMENTAL MATERIALS	13.0	MATERIALS SCIENCE, MULTIDISCIPLINARY	5.3	440	35	Q1
125	ENGINEERING	10.1	ENGINEERING, MULTIDISCIPLINARY	2.0	182	2	Q1

序号	期刊	影响因子	学科主题	学科平均影响因子	学科期刊数	学科排名	影响因子分区
126	ENVIRONMENTAL SCIENCE AND ECOTECHNOLOGY	14.1	GREEN & SUSTAINABLE SCIENCE & TECHNOLOGY	5.4	91	5	Q1
127	ENVIRONMENTAL SCIENCE AND ECOTECHNOLOGY	14.1	ENVIRONMENTAL SCIENCES	4.1	359	9	Q1
128	EYE AND VISION	4.2	OPHTHALMOLOGY	2.4	95	11	Q1
129	FOOD QUALITY AND SAFETY	3.0	FOOD SCIENCE & TECHNOLOGY	3.3	173	73	Q2
130	FOOD SCIENCE AND HUMAN WELLNESS	5.6	NUTRITION & DIETETICS	3.2	114	14	Q1
131	FOOD SCIENCE AND HUMAN WELLNESS	5.6	FOOD SCIENCE & TECHNOLOGY	3.3	173	24	Q1
132	FOREST ECOSYSTEMS	3.8	FORESTRY	1.7	89	5	Q1
133	FRICTION	6.3	ENGINEERING, MECHANICAL	2.7	184	9	Q1
134	FRONTIERS IN ENERGY	3.1	ENERGY & FUELS	5.8	174	105	Q3
135	FRONTIERS OF CHEMICAL SCIENCE AND ENGINEERING	4.3	ENGINEERING, CHEMICAL	3.9	171	46	Q2
136	FRONTIERS OF COMPUTER SCIENCE	3.4	COMPUTER SCIENCE, INFORMATION SYSTEMS	3.1	252	87	Q2
137	FRONTIERS OF COMPUTER SCIENCE	3.4	COMPUTER SCIENCE, THEORY & METHODS	2.7	144	35	Q1
138	FRONTIERS OF COMPUTER SCIENCE	3.4	COMPUTER SCIENCE, SOFTWARE ENGINEERING	2.7	132	34	Q2
139	FRONTIERS OF EARTH SCIENCE	1.8	GEOSCIENCES, MULTIDISCIPLINARY	2.8	254	147	Q3
140	FRONTIERS OF ENVIRONMENTAL SCIENCE & ENGINEERING	6.3	ENVIRONMENTAL SCIENCES	4.1	359	53	Q1
141	FRONTIERS OF ENVIRONMENTAL SCIENCE & ENGINEERING	6.3	ENGINEERING, ENVIRONMENTAL	4.6	81	20	Q1
142	FRONTIERS OF INFORMATION TECHNOLOGY & ELECTRONIC ENGINEERING	2.7	COMPUTER SCIENCE, INFORMATION SYSTEMS	3.1	252	110	Q2
143	FRONTIERS OF INFORMATION TECHNOLOGY & ELECTRONIC ENGINEERING	2.7	ENGINEERING, ELECTRICAL & ELECTRONIC	3.3	355	154	Q2
144	FRONTIERS OF INFORMATION TECHNOLOGY & ELECTRONIC ENGINEERING	2.7	COMPUTER SCIENCE, SOFTWARE ENGINEERING	2.7	132	44	Q2
145	FRONTIERS OF MATERIALS SCIENCE	2.5	MATERIALS SCIENCE, MULTIDISCIPLINARY	5.3	440	258	Q3
146	FRONTIERS OF MATHEMATICS IN CHINA	0.8	MATHEMATICS	0.9	491	179	Q2
147	FRONTIERS OF MECHANICAL ENGINEERING	4.7	ENGINEERING, MECHANICAL	2.7	184	31	Q1

序号	期刊	影响因子	学科主题	学科平均影响因子	学科期刊数	学科排名	影响因子分区
148	FRONTIERS OF MEDICINE	3.9	ONCOLOGY	6.5	322	100	Q2
149	FRONTIERS OF MEDICINE	3.9	MEDICINE, RESEARCH & EXPERIMENTAL	3.9	190	65	Q2
150	FRONTIERS OF PHYSICS	6.5	PHYSICS, MULTIDISCIPLINARY	3.5	112	11	Q1
151	FRONTIERS OF STRUCTURAL AND CIVIL ENGINEERING	2.9	ENGINEERING, CIVIL	2.5	183	60	Q2
152	FUNGAL DIVERSITY	24.5	MYCOLOGY	4.0	33	1	Q1
153	GASTROENTEROLOGY REPORT	3.8	GASTROENTEROLOGY & HEPATOLOGY	4.1	143	37	Q2
154	GENES & DISEASES	6.9	BIOCHEMISTRY & MOLECULAR BIOLOGY	4.4	313	36	Q1
155	GENES & DISEASES	6.9	GENETICS & HEREDITY	3.6	191	16	Q1
156	GENOMICS PROTEOMICS & BIOINFORMATICS	11.5	GENETICS & HEREDITY	3.6	191	6	Q1
157	GEOSCIENCE FRONTIERS	8.5	GEOSCIENCES, MULTIDISCIPLINARY	2.8	254	9	Q1
158	GEO–SPATIAL INFORMATION SCIENCE	4.4	REMOTE SENSING	3.3	63	14	Q1
159	GREEN ENERGY & ENVIRONMENT	10.7	CHEMISTRY, PHYSICAL	5.9	178	26	Q1
160	GREEN ENERGY & ENVIRONMENT	10.7	ENERGY & FUELS	5.8	174	17	Q1
161	GREEN ENERGY & ENVIRONMENT	10.7	GREEN & SUSTAINABLE SCIENCE & TECHNOLOGY	5.4	91	8	Q1
162	GREEN ENERGY & ENVIRONMENT	10.7	ENGINEERING, CHEMICAL	3.9	171	8	Q1
163	HEPATOBILIARY & PANCREATIC DISEASES INTERNATIONAL	3.6	GASTROENTEROLOGY & HEPATOLOGY	4.1	143	42	Q2
164	HIGH POWER LASER SCIENCE AND ENGINEERING	5.2	OPTICS	3.7	120	18	Q1
165	HIGH VOLTAGE	4.4	ENGINEERING, ELECTRICAL & ELECTRONIC	3.3	355	81	Q1
166	HORTICULTURAL PLANT JOURNAL	5.7	PLANT SCIENCES	2.6	265	25	Q1
167	HORTICULTURAL PLANT JOURNAL	5.7	HORTICULTURE	2.1	38	4	Q1
168	HORTICULTURE RESEARCH	7.6	GENETICS & HEREDITY	3.6	191	14	Q1
169	HORTICULTURE RESEARCH	7.6	PLANT SCIENCES	2.6	265	13	Q1
170	HORTICULTURE RESEARCH	7.6	HORTICULTURE	2.1	38	2	Q1
171	IEEE–CAA JOURNAL OF AUTOMATICA SINICA	15.3	AUTOMATION & CONTROL SYSTEMS	3.3	85	1	Q1
172	INFECTIOUS DISEASES OF POVERTY	4.8	INFECTIOUS DISEASES	3.5	132	17	Q1
173	INFECTIOUS DISEASES OF POVERTY	4.8	PARASITOLOGY	2.6	46	5	Q1

序号	期刊	影响因子	学科主题	学科平均影响因子	学科期刊数	学科排名	影响因子分区
174	INFECTIOUS DISEASES OF POVERTY	4.8	TROPICAL MEDICINE	2.1	28	2	Q1
175	INFOMAT	22.7	MATERIALS SCIENCE, MULTIDISCIPLINARY	5.3	440	14	Q1
176	INSECT SCIENCE	2.9	ENTOMOLOGY	1.7	109	15	Q1
177	INTEGRATIVE ZOOLOGY	3.5	ZOOLOGY	1.4	181	8	Q1
178	INTERDISCIPLINARY SCIENCES– COMPUTATIONAL LIFE SCIENCES	3.9	MATHEMATICAL & COMPUTATIONAL BIOLOGY	2.6	66	10	Q1
179	INTERNATIONAL JOURNAL OF DIGITAL EARTH	3.7	REMOTE SENSING	3.3	63	22	Q2
180	INTERNATIONAL JOURNAL OF DIGITAL EARTH	3.7	GEOGRAPHY, PHYSICAL	2.5	65	13	Q1
181	INTERNATIONAL JOURNAL OF DISASTER RISK SCIENCE	2.9	GEOSCIENCES, MULTIDISCIPLINARY	2.8	254	79	Q2
182	INTERNATIONAL JOURNAL OF DISASTER RISK SCIENCE	2.9	METEOROLOGY & ATMOSPHERIC SCIENCES	3.5	110	55	Q2
183	INTERNATIONAL JOURNAL OF DISASTER RISK SCIENCE	2.9	WATER RESOURCES	2.8	128	44	Q2
184	INTERNATIONAL JOURNAL OF EXTREME MANUFACTURING	16.1	MATERIALS SCIENCE, MULTIDISCIPLINARY	5.3	440	26	Q1
185	INTERNATIONAL JOURNAL OF EXTREME MANUFACTURING	16.1	ENGINEERING, MANUFACTURING	3.9	69	1	Q1
186	INTERNATIONAL JOURNAL OF MINERALS METALLURGY AND MATERIALS	5.6	MATERIALS SCIENCE, MULTIDISCIPLINARY	5.3	440	114	Q2
187	INTERNATIONAL JOURNAL OF MINERALS METALLURGY AND MATERIALS	5.6	METALLURGY & METALLURGICAL ENGINEERING	2.4	91	9	Q1
188	INTERNATIONAL JOURNAL OF MINERALS METALLURGY AND MATERIALS	5.6	MINING & MINERAL PROCESSING	2.5	32	4	Q1
189	INTERNATIONAL JOURNAL OF MINING SCIENCE AND TECHNOLOGY	11.7	MINING & MINERAL PROCESSING	2.5	32	1	Q1
190	INTERNATIONAL JOURNAL OF ORAL SCIENCE	10.8	DENTISTRY, ORAL SURGERY & MEDICINE	2.0	158	2	Q1
191	INTERNATIONAL JOURNAL OF SEDIMENT RESEARCH	3.5	ENVIRONMENTAL SCIENCES	4.1	359	146	Q2
192	INTERNATIONAL JOURNAL OF SEDIMENT RESEARCH	3.5	WATER RESOURCES	2.8	128	32	Q1
193	INTERNATIONAL SOIL AND WATER CONSERVATION RESEARCH	7.3	ENVIRONMENTAL SCIENCES	4.1	359	38	Q1
194	INTERNATIONAL SOIL AND WATER CONSERVATION RESEARCH	7.3	WATER RESOURCES	2.8	128	4	Q1

序号	期刊	影响因子	学科主题	学科平均影响因子	学科期刊数	学科排名	影响因子分区
195	INTERNATIONAL SOIL AND WATER CONSERVATION RESEARCH	7.3	SOIL SCIENCE	3.2	49	3	Q1
196	JOURNAL OF ADVANCED CERAMICS	18.6	MATERIALS SCIENCE, CERAMICS	2.4	31	1	Q1
197	JOURNAL OF ANIMAL SCIENCE AND BIOTECHNOLOGY	6.3	AGRICULTURE, DAIRY & ANIMAL SCIENCE	1.7	80	2	Q1
198	JOURNAL OF ARID LAND	2.7	ENVIRONMENTAL SCIENCES	4.1	359	192	Q3
199	JOURNAL OF BIONIC ENGINEERING	4.9	ROBOTICS	4.0	46	11	Q1
200	JOURNAL OF BIONIC ENGINEERING	4.9	ENGINEERING, MULTIDISCIPLINARY	2.0	182	20	Q1
201	JOURNAL OF BIONIC ENGINEERING	4.9	MATERIALS SCIENCE, BIOMATERIALS	4.7	53	19	Q2
202	JOURNAL OF CENTRAL SOUTH UNIVERSITY	3.7	METALLURGY & METALLURGICAL ENGINEERING	2.4	91	18	Q1
203	JOURNAL OF COMPUTATIONAL MATHEMATICS	0.9	MATHEMATICS	0.9	491	146	Q2
204	JOURNAL OF COMPUTATIONAL MATHEMATICS	0.9	MATHEMATICS, APPLIED	1.3	333	201	Q3
205	JOURNAL OF COMPUTER SCIENCE AND TECHNOLOGY	1.2	COMPUTER SCIENCE, HARDWARE & ARCHITECTURE	3.1	59	50	Q4
206	JOURNAL OF COMPUTER SCIENCE AND TECHNOLOGY	1.2	COMPUTER SCIENCE, SOFTWARE ENGINEERING	2.7	132	98	Q3
207	JOURNAL OF EARTH SCIENCE	4.1	GEOSCIENCES, MULTIDISCIPLINARY	2.8	254	40	Q1
208	JOURNAL OF ENERGY CHEMISTRY	14.0	CHEMISTRY, PHYSICAL	5.9	178	16	Q1
209	JOURNAL OF ENERGY CHEMISTRY	14.0	ENERGY & FUELS	5.8	174	12	Q1
210	JOURNAL OF ENERGY CHEMISTRY	14.0	CHEMISTRY, APPLIED	3.3	74	2	Q1
211	JOURNAL OF ENERGY CHEMISTRY	14.0	ENGINEERING, CHEMICAL	3.9	171	6	Q1
212	JOURNAL OF ENVIRONMENTAL SCIENCES	5.9	ENVIRONMENTAL SCIENCES	4.1	359	62	Q1
213	JOURNAL OF FORESTRY RESEARCH	3.4	FORESTRY	1.7	89	9	Q1
214	JOURNAL OF GENETICS AND GENOMICS	6.6	BIOCHEMISTRY & MOLECULAR BIOLOGY	4.4	313	40	Q1
215	JOURNAL OF GENETICS AND GENOMICS	6.6	GENETICS & HEREDITY	3.6	191	19	Q1
216	JOURNAL OF GEOGRAPHICAL SCIENCES	4.3	GEOGRAPHY, PHYSICAL	2.5	65	9	Q1
217	JOURNAL OF GERIATRIC CARDIOLOGY	1.8	CARDIAC & CARDIOVASCULAR SYSTEMS	3.6	223	130	Q3

序号	期刊	影响因子	学科主题	学科平均影响因子	学科期刊数	学科排名	影响因子分区
218	JOURNAL OF GERIATRIC CARDIOLOGY	1.8	GERIATRICS & GERONTOLOGY	3.6	74	54	Q3
219	JOURNAL OF HYDRODYNAMICS	3.4	MECHANICS	2.7	170	39	Q1
220	JOURNAL OF INFRARED AND MILLIMETER WAVES	0.6	OPTICS	3.7	120	109	Q4
221	JOURNAL OF INNOVATIVE OPTICAL HEALTH SCIENCES	2.3	OPTICS	3.7	120	51	Q2
222	JOURNAL OF INNOVATIVE OPTICAL HEALTH SCIENCES	2.3	RADIOLOGY, NUCLEAR MEDICINE & MEDICAL IMAGING	2.6	204	86	Q2
223	JOURNAL OF INORGANIC MATERIALS	1.7	MATERIALS SCIENCE, CERAMICS	2.4	31	15	Q2
224	JOURNAL OF INTEGRATIVE AGRICULTURE	4.6	AGRICULTURE, MULTIDISCIPLINARY	1.9	89	11	Q1
225	JOURNAL OF INTEGRATIVE MEDICINE–JIM	4.2	INTEGRATIVE & COMPLEMENTARY MEDICINE	2.3	43	7	Q1
226	JOURNAL OF INTEGRATIVE PLANT BIOLOGY	9.3	BIOCHEMISTRY & MOLECULAR BIOLOGY	4.4	313	25	Q1
227	JOURNAL OF INTEGRATIVE PLANT BIOLOGY	9.3	PLANT SCIENCES	2.6	265	9	Q1
228	JOURNAL OF IRON AND STEEL RESEARCH INTERNATIONAL	3.1	METALLURGY & METALLURGICAL ENGINEERING	2.4	91	20	Q1
229	JOURNAL OF MAGNESIUM AND ALLOYS	15.8	METALLURGY & METALLURGICAL ENGINEERING	2.4	91	1	Q1
230	JOURNAL OF MATERIALS SCIENCE & TECHNOLOGY	11.2	MATERIALS SCIENCE, MULTIDISCIPLINARY	5.3	440	43	Q1
231	JOURNAL OF MATERIALS SCIENCE & TECHNOLOGY	11.2	METALLURGY & METALLURGICAL ENGINEERING	2.4	91	2	Q1
232	JOURNAL OF MATERIOMICS	8.4	CHEMISTRY, PHYSICAL	5.9	178	37	Q1
233	JOURNAL OF MATERIOMICS	8.4	MATERIALS SCIENCE, MULTIDISCIPLINARY	5.3	440	69	Q1
234	JOURNAL OF MATERIOMICS	8.4	PHYSICS, APPLIED	4.7	180	22	Q1
235	JOURNAL OF METEOROLOGICAL RESEARCH	2.8	METEOROLOGY & ATMOSPHERIC SCIENCES	3.5	110	56	Q3
236	JOURNAL OF MODERN POWER SYSTEMS AND CLEAN ENERGY	5.7	ENGINEERING, ELECTRICAL & ELECTRONIC	3.3	355	51	Q1
237	JOURNAL OF MOLECULAR CELL BIOLOGY	5.3	CELL BIOLOGY	6.1	205	59	Q2
238	JOURNAL OF MOUNTAIN SCIENCE	2.3	ENVIRONMENTAL SCIENCES	4.1	359	229	Q3
239	JOURNAL OF OCEAN ENGINEERING AND SCIENCE	13.0	ENGINEERING, OCEAN	2.7	18	1	Q1
240	JOURNAL OF OCEAN ENGINEERING AND SCIENCE	13.0	ENGINEERING, MARINE	2.2	25	1	Q1

序号	期刊	影响因子	学科主题	学科平均影响因子	学科期刊数	学科排名	影响因子分区
241	JOURNAL OF OCEAN UNIVERSITY OF CHINA	1.4	OCEANOGRAPHY	2.3	65	46	Q3
242	JOURNAL OF OCEANOLOGY AND LIMNOLOGY	1.3	OCEANOGRAPHY	2.3	65	50	Q4
243	JOURNAL OF OCEANOLOGY AND LIMNOLOGY	1.3	LIMNOLOGY	2.0	22	15	Q3
244	JOURNAL OF PALAEOGEOGRAPHY–ENGLISH	2.5	GEOSCIENCES, MULTIDISCIPLINARY	2.8	254	106	Q2
245	JOURNAL OF PALAEOGEOGRAPHY–ENGLISH	2.5	PALEONTOLOGY	1.6	57	6	Q1
246	JOURNAL OF PHARMACEUTICAL ANALYSIS	6.1	PHARMACOLOGY & PHARMACY	3.4	354	26	Q1
247	JOURNAL OF PLANT ECOLOGY	3.0	PLANT SCIENCES	2.6	265	74	Q2
248	JOURNAL OF PLANT ECOLOGY	3.0	ECOLOGY	2.7	197	60	Q2
249	JOURNAL OF PLANT ECOLOGY	3.0	FORESTRY	1.7	89	11	Q1
250	JOURNAL OF RARE EARTHS	5.2	CHEMISTRY, APPLIED	3.3	74	13	Q1
251	JOURNAL OF ROCK MECHANICS AND GEOTECHNICAL ENGINEERING	9.4	ENGINEERING, GEOLOGICAL	2.6	63	1	Q1
252	JOURNAL OF SPORT AND HEALTH SCIENCE	9.7	HOSPITALITY, LEISURE, SPORT & TOURISM	2.7	140	5	Q1
253	JOURNAL OF SPORT AND HEALTH SCIENCE	9.7	SPORT SCIENCES	2.1	127	2	Q1
254	JOURNAL OF SYSTEMATICS AND EVOLUTION	3.4	PLANT SCIENCES	2.6	265	60	Q1
255	JOURNAL OF SYSTEMS ENGINEERING AND ELECTRONICS	1.9	ENGINEERING, ELECTRICAL & ELECTRONIC	3.3	355	212	Q3
256	JOURNAL OF SYSTEMS ENGINEERING AND ELECTRONICS	1.9	AUTOMATION & CONTROL SYSTEMS	3.3	85	49	Q3
257	JOURNAL OF SYSTEMS ENGINEERING AND ELECTRONICS	1.9	OPERATIONS RESEARCH & MANAGEMENT SCIENCE	2.9	106	54	Q3
258	JOURNAL OF SYSTEMS SCIENCE & COMPLEXITY	2.6	MATHEMATICS, INTERDISCIPLINARY APPLICATIONS	2.1	135	31	Q1
259	JOURNAL OF SYSTEMS SCIENCE AND SYSTEMS ENGINEERING	1.7	OPERATIONS RESEARCH & MANAGEMENT SCIENCE	2.9	106	61	Q3
260	JOURNAL OF THERMAL SCIENCE	1.8	ENGINEERING, MECHANICAL	2.7	184	100	Q3
261	JOURNAL OF THERMAL SCIENCE	1.8	THERMODYNAMICS	3.0	79	43	Q3

序号	期刊	影响因子	学科主题	学科平均影响因子	学科期刊数	学科排名	影响因子分区
262	JOURNAL OF TRADITIONAL CHINESE MEDICINE	2.0	INTEGRATIVE & COMPLEMENTARY MEDICINE	2.3	43	21	Q2
263	JOURNAL OF TROPICAL METEOROLOGY	1.5	METEOROLOGY & ATMOSPHERIC SCIENCES	3.5	110	93	Q4
264	JOURNAL OF WUHAN UNIVERSITY OF TECHNOLOGY–MATERIALS SCIENCE EDITION	1.3	MATERIALS SCIENCE, MULTIDISCIPLINARY	5.3	440	358	Q4
265	JOURNAL OF ZHEJIANG UNIVERSITY–SCIENCE A	3.4	PHYSICS, APPLIED	4.7	180	61	Q2
266	JOURNAL OF ZHEJIANG UNIVERSITY–SCIENCE A	3.4	ENGINEERING, MULTIDISCIPLINARY	2.0	182	34	Q1
267	JOURNAL OF ZHEJIANG UNIVERSITY–SCIENCE B	4.7	BIOCHEMISTRY & MOLECULAR BIOLOGY	4.4	313	70	Q1
268	JOURNAL OF ZHEJIANG UNIVERSITY–SCIENCE B	4.7	MEDICINE, RESEARCH & EXPERIMENTAL	3.9	190	47	Q1
269	JOURNAL OF ZHEJIANG UNIVERSITY–SCIENCE B	4.7	BIOTECHNOLOGY & APPLIED MICROBIOLOGY	4.3	175	29	Q1
270	LIGHT–SCIENCE & APPLICATIONS	20.6	OPTICS	3.7	120	4	Q1
271	MARINE LIFE SCIENCE & TECHNOLOGY	5.8	MARINE & FRESHWATER BIOLOGY	1.9	119	3	Q1
272	MATTER AND RADIATION AT EXTREMES	4.8	PHYSICS, MULTIDISCIPLINARY	3.5	112	20	Q1
273	MICROSYSTEMS & NANOENGINEERING	7.3	NANOSCIENCE & NANOTECHNOLOGY	6.2	142	32	Q1
274	MICROSYSTEMS & NANOENGINEERING	7.3	INSTRUMENTS & INSTRUMENTATION	2.7	76	3	Q1
275	MILITARY MEDICAL RESEARCH	16.7	MEDICINE, GENERAL & INTERNAL	3.4	333	9	Q1
276	MOLECULAR PLANT	17.1	BIOCHEMISTRY & MOLECULAR BIOLOGY	4.4	313	5	Q1
277	MOLECULAR PLANT	17.1	PLANT SCIENCES	2.6	265	3	Q1
278	MYCOSPHERE	10.0	MYCOLOGY	4.0	33	3	Q1
279	NANO RESEARCH	9.6	CHEMISTRY, PHYSICAL	5.9	178	30	Q1
280	NANO RESEARCH	9.6	MATERIALS SCIENCE, MULTIDISCIPLINARY	5.3	440	56	Q1
281	NANO RESEARCH	9.6	NANOSCIENCE & NANOTECHNOLOGY	6.2	142	24	Q1
282	NANO RESEARCH	9.6	PHYSICS, APPLIED	4.7	180	18	Q1
283	NANO–MICRO LETTERS	31.6	MATERIALS SCIENCE, MULTIDISCIPLINARY	5.3	440	8	Q4
284	NANO–MICRO LETTERS	31.6	NANOSCIENCE & NANOTECHNOLOGY	6.2	142	3	Q1
285	NANO–MICRO LETTERS	31.6	PHYSICS, APPLIED	4.7	180	4	Q1
286	NATIONAL SCIENCE REVIEW	16.3	MULTIDISCIPLINARY SCIENCES	3.8	135	7	Q1
287	NEURAL REGENERATION RESEARCH	5.9	CELL BIOLOGY	6.1	205	55	Q2
288	NEURAL REGENERATION RESEARCH	5.9	NEUROSCIENCES	3.7	310	34	Q1

序号	期刊	影响因子	学科主题	学科平均影响因子	学科期刊数	学科排名	影响因子分区
289	NEUROSCIENCE BULLETIN	5.9	NEUROSCIENCES	3.7	310	34	Q1
290	NEW CARBON MATERIALS	6.6	MATERIALS SCIENCE, MULTIDISCIPLINARY	5.3	440	94	Q1
291	NPJ COMPUTATIONAL MATERIALS	9.4	CHEMISTRY, PHYSICAL	5.9	178	32	Q1
292	NPJ COMPUTATIONAL MATERIALS	9.4	MATERIALS SCIENCE, MULTIDISCIPLINARY	5.3	440	59	Q1
293	NPJ FLEXIBLE ELECTRONICS	12.3	MATERIALS SCIENCE, MULTIDISCIPLINARY	5.3	440	38	Q1
294	NPJ FLEXIBLE ELECTRONICS	12.3	ENGINEERING, ELECTRICAL & ELECTRONIC	3.3	355	7	Q1
295	NUCLEAR SCIENCE AND TECHNIQUES	3.6	PHYSICS, NUCLEAR	2.9	22	4	Q1
296	NUCLEAR SCIENCE AND TECHNIQUES	3.6	NUCLEAR SCIENCE & TECHNOLOGY	1.5	40	2	Q1
297	NUMERICAL MATHEMATICS–THEORY METHODS AND APPLICATIONS	1.9	MATHEMATICS	0.9	491	34	Q1
298	NUMERICAL MATHEMATICS–THEORY METHODS AND APPLICATIONS	1.9	MATHEMATICS, APPLIED	1.3	333	66	Q1
299	OPTO–ELECTRONIC ADVANCES	15.3	OPTICS	3.7	120	7	Q1
300	PARTICUOLOGY	4.1	MATERIALS SCIENCE, MULTIDISCIPLINARY	5.3	440	163	Q2
301	PARTICUOLOGY	4.1	ENGINEERING, CHEMICAL	3.9	171	49	Q2
302	PEDOSPHERE	5.2	SOIL SCIENCE	3.2	49	8	Q1
303	PETROLEUM EXPLORATION AND DEVELOPMENT	7.2	ENERGY & FUELS	5.8	174	39	Q1
304	PETROLEUM EXPLORATION AND DEVELOPMENT	7.2	GEOSCIENCES, MULTIDISCIPLINARY	2.8	254	14	Q1
305	PETROLEUM EXPLORATION AND DEVELOPMENT	7.2	ENGINEERING, PETROLEUM	2.2	26	1	Q1
306	PETROLEUM SCIENCE	6.0	ENERGY & FUELS	5.8	174	54	Q2
307	PETROLEUM SCIENCE	6.0	ENGINEERING, PETROLEUM	2.2	26	2	Q1
308	PHOTONIC SENSORS	5.0	OPTICS	3.7	120	19	Q1
309	PHOTONIC SENSORS	5.0	INSTRUMENTS & INSTRUMENTATION	2.7	76	12	Q1
310	PHOTONICS RESEARCH	6.6	OPTICS	3.7	120	13	Q1
311	PHYTOPATHOLOGY RESEARCH	3.2	PLANT SCIENCES	2.6	265	68	Q2
312	PLANT COMMUNICATIONS	9.4	BIOCHEMISTRY & MOLECULAR BIOLOGY	4.4	313	24	Q1
313	PLANT COMMUNICATIONS	9.4	PLANT SCIENCES	2.6	265	8	Q1
314	PLANT DIVERSITY	4.6	PLANT SCIENCES	2.6	265	34	Q1
315	PLANT PHENOMICS	7.6	PLANT SCIENCES	2.6	265	13	Q1
316	PLANT PHENOMICS	7.6	REMOTE SENSING	3.3	63	6	Q1
317	PLANT PHENOMICS	7.6	AGRONOMY	1.9	126	1	Q1

序号	期刊	影响因子	学科主题	学科平均影响因子	学科期刊数	学科排名	影响因子分区
318	PLASMA SCIENCE & TECHNOLOGY	1.6	PHYSICS, FLUIDS & PLASMAS	2.6	40	26	Q3
319	PROGRESS IN BIOCHEMISTRY AND BIOPHYSICS	0.2	BIOCHEMISTRY & MOLECULAR BIOLOGY	4.4	313	311	Q4
320	PROGRESS IN BIOCHEMISTRY AND BIOPHYSICS	0.2	BIOPHYSICS	3.2	77	77	Q4
321	PROGRESS IN CHEMISTRY	1.0	CHEMISTRY, MULTIDISCIPLINARY	4.9	232	175	Q4
322	PROGRESS IN NATURAL SCIENCE-MATERIALS INTERNATIONAL	4.8	MATERIALS SCIENCE, MULTIDISCIPLINARY	5.3	440	135	Q2
323	PROPULSION AND POWER RESEARCH	5.4	ENGINEERING, AEROSPACE	2.0	52	3	Q1
324	PROPULSION AND POWER RESEARCH	5.4	ENGINEERING, MECHANICAL	2.7	184	17	Q1
325	PROPULSION AND POWER RESEARCH	5.4	THERMODYNAMICS	3.0	79	10	Q1
326	PROTEIN & CELL	13.6	CELL BIOLOGY	6.1	205	16	Q1
327	RARE METAL MATERIALS AND ENGINEERING	0.6	MATERIALS SCIENCE, MULTIDISCIPLINARY	5.3	440	409	Q4
328	RARE METAL MATERIALS AND ENGINEERING	0.6	METALLURGY & METALLURGICAL ENGINEERING	2.4	91	75	Q4
329	RARE METALS	9.6	MATERIALS SCIENCE, MULTIDISCIPLINARY	5.3	440	56	Q1
330	RARE METALS	9.6	METALLURGY & METALLURGICAL ENGINEERING	2.4	91	3	Q1
331	REGENERATIVE BIOMATERIALS	5.7	MATERIALS SCIENCE, BIOMATERIALS	4.7	53	13	Q1
332	RESEARCH	8.5	MULTIDISCIPLINARY SCIENCES	3.8	135	14	Q1
333	RESEARCH IN ASTRONOMY AND ASTROPHYSICS	1.8	ASTRONOMY & ASTROPHYSICS	3.6	84	44	Q3
334	RICE SCIENCE	5.6	PLANT SCIENCES	2.6	265	26	Q1
335	RICE SCIENCE	5.6	AGRONOMY	1.9	126	8	Q1
336	SATELLITE NAVIGATION	9.0	TELECOMMUNICATIONS	3.5	119	4	Q1
337	SATELLITE NAVIGATION	9.0	REMOTE SENSING	3.3	63	4	Q1
338	SATELLITE NAVIGATION	9.0	ENGINEERING, AEROSPACE	2.0	52	2	Q1
339	SCIENCE BULLETIN	18.8	MULTIDISCIPLINARY SCIENCES	3.8	135	6	Q1
340	SCIENCE CHINA-CHEMISTRY	10.4	CHEMISTRY, MULTIDISCIPLINARY	4.9	232	28	Q1
341	SCIENCE CHINA-EARTH SCIENCES	6.0	GEOSCIENCES, MULTIDISCIPLINARY	2.8	254	18	Q1
342	SCIENCE CHINA-INFORMATION SCIENCES	7.3	COMPUTER SCIENCE, INFORMATION SYSTEMS	3.1	252	16	Q1
343	SCIENCE CHINA-INFORMATION SCIENCES	7.3	ENGINEERING, ELECTRICAL & ELECTRONIC	3.3	355	31	Q1
344	SCIENCE CHINA-LIFE SCIENCES	8.0	BIOLOGY	2.5	109	5	Q1

序号	期刊	影响因子	学科主题	学科平均影响因子	学科期刊数	学科排名	影响因子分区
345	SCIENCE CHINA–MATERIALS	6.8	MATERIALS SCIENCE, MULTIDISCIPLINARY	5.3	440	89	Q1
346	SCIENCE CHINA–MATHEMATICS	1.4	MATHEMATICS	0.9	491	57	Q1
347	SCIENCE CHINA–MATHEMATICS	1.4	MATHEMATICS, APPLIED	1.3	333	102	Q2
348	SCIENCE CHINA–PHYSICS MECHANICS & ASTRONOMY	6.4	PHYSICS, MULTIDISCIPLINARY	3.5	112	12	Q1
349	SCIENCE CHINA–TECHNOLOGICAL SCIENCES	4.4	MATERIALS SCIENCE, MULTIDISCIPLINARY	5.3	440	146	Q2
350	SCIENCE CHINA–TECHNOLOGICAL SCIENCES	4.4	ENGINEERING, MULTIDISCIPLINARY	2.0	182	22	Q1
351	SIGNAL TRANSDUCTION AND TARGETED THERAPY	40.8	BIOCHEMISTRY & MOLECULAR BIOLOGY	4.4	313	3	Q1
352	SIGNAL TRANSDUCTION AND TARGETED THERAPY	40.8	CELL BIOLOGY	6.1	205	5	Q1
353	SPECTROSCOPY AND SPECTRAL ANALYSIS	0.7	SPECTROSCOPY	2.2	44	40	Q4
354	STROKE AND VASCULAR NEUROLOGY	4.4	CLINICAL NEUROLOGY	3.2	281	45	Q1
355	SUSMAT	18.7	CHEMISTRY, MULTIDISCIPLINARY	4.9	232	9	Q1
356	SUSMAT	18.7	MATERIALS SCIENCE, MULTIDISCIPLINARY	5.3	440	20	Q1
357	SUSMAT	18.7	GREEN & SUSTAINABLE SCIENCE & TECHNOLOGY	5.4	91	2	Q1
358	SYNTHETIC AND SYSTEMS BIOTECHNOLOGY	4.4	BIOTECHNOLOGY & APPLIED MICROBIOLOGY	4.3	175	38	Q1
359	TRANSACTIONS OF NONFERROUS METALS SOCIETY OF CHINA	4.7	METALLURGY & METALLURGICAL ENGINEERING	2.4	91	13	Q1
360	TRANSLATIONAL NEURODEGENERATION	10.8	NEUROSCIENCES	3.7	310	13	Q1
361	TSINGHUA SCIENCE AND TECHNOLOGY	5.2	COMPUTER SCIENCE, INFORMATION SYSTEMS	3.1	252	40	Q1
362	TSINGHUA SCIENCE AND TECHNOLOGY	5.2	ENGINEERING, ELECTRICAL & ELECTRONIC	3.3	355	61	Q1
363	TSINGHUA SCIENCE AND TECHNOLOGY	5.2	COMPUTER SCIENCE, SOFTWARE ENGINEERING	2.7	132	11	Q1
364	UNDERGROUND SPACE	8.2	ENGINEERING, CIVIL	2.5	183	4	Q1
365	VIROLOGICA SINICA	4.3	VIROLOGY	3.8	41	11	Q2
366	WORLD JOURNAL OF EMERGENCY MEDICINE	2.6	EMERGENCY MEDICINE	1.9	54	12	Q1
367	WORLD JOURNAL OF PEDIATRICS	3.6	PEDIATRICS	2.0	186	17	Q1
368	ZOOLOGICAL RESEARCH	4.0	ZOOLOGY	1.4	181	4	Q1

5.4 2023 年中国科技期刊在各学科中的论文数量排名

序号	期刊	论文数量	学科主题	学科平均论文数量	学科期刊数	学科排名	发文量分区
1	ACTA BIOCHIMICA ET BIOPHYSICA SINICA	168	BIOCHEMISTRY & MOLECULAR BIOLOGY	273	313	98	Q2
2	ACTA BIOCHIMICA ET BIOPHYSICA SINICA	168	BIOPHYSICS	140	77	18	Q1
3	ACTA CHIMICA SINICA	178	CHEMISTRY, MULTIDISCIPLINARY	540	232	94	Q2
4	ACTA GEOLOGICA SINICA–ENGLISH EDITION	141	GEOSCIENCES, MULTIDISCIPLINARY	149	254	68	Q2
5	ACTA MATHEMATICA SCIENTIA	131	MATHEMATICS	84	491	55	Q1
6	ACTA MATHEMATICA SINICA–ENGLISH SERIES	166	MATHEMATICS	84	491	38	Q1
7	ACTA MATHEMATICA SINICA–ENGLISH SERIES	166	MATHEMATICS, APPLIED	100	333	44	Q1
8	ACTA MATHEMATICAE APPLICATAE SINICA–ENGLISH SERIES	63	MATHEMATICS, APPLIED	100	333	152	Q2
9	ACTA MECHANICA SINICA	161	MECHANICS	192	170	50	Q2
10	ACTA MECHANICA SINICA	161	ENGINEERING, MECHANICAL	179	184	49	Q2
11	ACTA MECHANICA SOLIDA SINICA	69	MATERIALS SCIENCE, MULTIDISCIPLINARY	410	440	297	Q3
12	ACTA MECHANICA SOLIDA SINICA	69	MECHANICS	192	170	99	Q3
13	ACTA METALLURGICA SINICA	140	METALLURGY & METALLURGICAL ENGINEERING	365	91	38	Q2
14	ACTA METALLURGICA SINICA–ENGLISH LETTERS	129	METALLURGY & METALLURGICAL ENGINEERING	365	91	39	Q2
15	ACTA OCEANOLOGICA SINICA	158	OCEANOGRAPHY	165	65	14	Q1
16	ACTA PETROLOGICA SINICA	216	GEOLOGY	51	61	4	Q1
17	ACTA PHARMACEUTICA SINICA B	300	PHARMACOLOGY & PHARMACY	170	354	34	Q1
18	ACTA PHARMACOLOGICA SINICA	156	CHEMISTRY, MULTIDISCIPLINARY	540	232	105	Q2
19	ACTA PHARMACOLOGICA SINICA	156	PHARMACOLOGY & PHARMACY	170	354	91	Q2
20	ACTA PHYSICA SINICA	863	PHYSICS, MULTIDISCIPLINARY	261	112	9	Q1
21	ACTA PHYSICO–CHIMICA SINICA	112	CHEMISTRY, PHYSICAL	548	178	111	Q3
22	ACTA POLYMERICA SINICA	154	POLYMER SCIENCE	330	95	36	Q2

序号	期刊	论文数量	学科主题	学科平均论文数量	学科期刊数	学科排名	发文量分区
23	ADVANCED FIBER MATERIALS	97	MATERIALS SCIENCE, MULTIDISCIPLINARY	410	440	246	Q3
24	ADVANCED FIBER MATERIALS	97	MATERIALS SCIENCE, TEXTILES	128	30	9	Q2
25	ADVANCED PHOTONICS	52	OPTICS	282	120	90	Q3
26	ADVANCES IN APPLIED MATHEMATICS AND MECHANICS	86	MECHANICS	192	170	83	Q2
27	ADVANCES IN APPLIED MATHEMATICS AND MECHANICS	86	MATHEMATICS, APPLIED	100	333	112	Q2
28	ADVANCES IN ATMOSPHERIC SCIENCES	141	METEOROLOGY & ATMOSPHERIC SCIENCES	167	110	37	Q2
29	ADVANCES IN CLIMATE CHANGE RESEARCH	90	ENVIRONMENTAL SCIENCES	313	359	162	Q2
30	ADVANCES IN CLIMATE CHANGE RESEARCH	90	METEOROLOGY & ATMOSPHERIC SCIENCES	167	110	53	Q2
31	ADVANCES IN MANUFACTURING	41	MATERIALS SCIENCE, MULTIDISCIPLINARY	410	440	357	Q4
32	ADVANCES IN MANUFACTURING	41	ENGINEERING, MANUFACTURING	155	69	45	Q3
33	ALGEBRA COLLOQUIUM	52	MATHEMATICS	84	491	215	Q2
34	ALGEBRA COLLOQUIUM	52	MATHEMATICS, APPLIED	100	333	177	Q3
35	ANIMAL NUTRITION	146	AGRICULTURE, DAIRY & ANIMAL SCIENCE	158	80	18	Q1
36	ANIMAL NUTRITION	146	VETERINARY SCIENCES	126	168	32	Q1
37	APPLIED GEOPHYSICS	66	GEOCHEMISTRY & GEOPHYSICS	140	101	45	Q2
38	APPLIED MATHEMATICS AND MECHANICS–ENGLISH EDITION	126	MECHANICS	192	170	62	Q2
39	APPLIED MATHEMATICS AND MECHANICS–ENGLISH EDITION	126	MATHEMATICS, APPLIED	100	333	60	Q1
40	APPLIED MATHEMATICS–A JOURNAL OF CHINESE UNIVERSITIES SERIES B	44	MATHEMATICS, APPLIED	100	333	190	Q3
41	ASIAN HERPETOLOGICAL RESEARCH	25	ZOOLOGY	63	181	118	Q3
42	ASIAN JOURNAL OF ANDROLOGY	108	UROLOGY & NEPHROLOGY	99	128	38	Q2
43	ASIAN JOURNAL OF ANDROLOGY	108	ANDROLOGY	90	8	3	Q2
44	ASIAN JOURNAL OF PHARMACEUTICAL SCIENCES	58	PHARMACOLOGY & PHARMACY	170	354	236	Q3
45	AVIAN RESEARCH	79	ORNITHOLOGY	38	29	3	Q1
46	BIOACTIVE MATERIALS	426	ENGINEERING, BIOMEDICAL	172	123	12	Q1
47	BIOACTIVE MATERIALS	426	MATERIALS SCIENCE, BIOMATERIALS	210	53	11	Q1
48	BIOCHAR	90	ENVIRONMENTAL SCIENCES	313	359	162	Q2

序号	期刊	论文数量	学科主题	学科平均论文数量	学科期刊数	学科排名	发文量分区
49	BIOCHAR	90	SOIL SCIENCE	130	49	18	Q2
50	BIO–DESIGN AND MANUFACTURING	35	ENGINEERING, BIOMEDICAL	172	123	96	Q4
51	BIOMEDICAL AND ENVIRONMENTAL SCIENCES	71	PUBLIC, ENVIRONMENTAL & OCCUPATIONAL HEALTH	124	408	206	Q3
52	BIOMEDICAL AND ENVIRONMENTAL SCIENCES	71	ENVIRONMENTAL SCIENCES	313	359	193	Q3
53	BONE RESEARCH	60	CELL & TISSUE ENGINEERING	85	31	18	Q3
54	BUILDING SIMULATION	123	CONSTRUCTION & BUILDING TECHNOLOGY	247	92	31	Q2
55	BUILDING SIMULATION	123	THERMODYNAMICS	264	79	38	Q2
56	CANCER BIOLOGY & MEDICINE	69	ONCOLOGY	166	322	199	Q3
57	CANCER BIOLOGY & MEDICINE	69	MEDICINE, RESEARCH & EXPERIMENTAL	182	190	116	Q3
58	CANCER COMMUNICATIONS	46	ONCOLOGY	166	322	241	Q3
59	CARBON ENERGY	111	CHEMISTRY, PHYSICAL	548	178	112	Q3
60	CARBON ENERGY	111	ENERGY & FUELS	392	174	84	Q2
61	CARBON ENERGY	111	MATERIALS SCIENCE, MULTIDISCIPLINARY	410	440	230	Q3
62	CARBON ENERGY	111	NANOSCIENCE & NANOTECHNOLOGY	419	142	68	Q2
63	CELL RESEARCH	52	CELL BIOLOGY	144	205	134	Q3
64	CELLULAR & MOLECULAR IMMUNOLOGY	100	IMMUNOLOGY	180	181	78	Q2
65	CHEMICAL JOURNAL OF CHINESE UNIVERSITIES–CHINESE	266	CHEMISTRY, MULTIDISCIPLINARY	540	232	66	Q2
66	CHEMICAL RESEARCH IN CHINESE UNIVERSITIES	120	CHEMISTRY, MULTIDISCIPLINARY	540	232	121	Q3
67	CHINA CDC WEEKLY	170	PUBLIC, ENVIRONMENTAL & OCCUPATIONAL HEALTH	124	408	67	Q1
68	CHINA COMMUNICATIONS	274	TELECOMMUNICATIONS	273	119	24	Q1
69	CHINA FOUNDRY	60	METALLURGY & METALLURGICAL ENGINEERING	365	91	64	Q3
70	CHINA OCEAN ENGINEERING	86	ENGINEERING, CIVIL	229	183	87	Q2
71	CHINA OCEAN ENGINEERING	86	WATER RESOURCES	199	128	52	Q2
72	CHINA OCEAN ENGINEERING	86	ENGINEERING, MECHANICAL	179	184	97	Q3
73	CHINA OCEAN ENGINEERING	86	ENGINEERING, OCEAN	350	18	8	Q2
74	CHINA PETROLEUM PROCESSING & PETROCHEMICAL TECHNOLOGY	49	ENERGY & FUELS	392	174	126	Q3

序号	期刊	论文数量	学科主题	学科平均论文数量	学科期刊数	学科排名	发文量分区
75	CHINA PETROLEUM PROCESSING & PETROCHEMICAL TECHNOLOGY	49	ENGINEERING, CHEMICAL	345	171	126	Q3
76	CHINA PETROLEUM PROCESSING & PETROCHEMICAL TECHNOLOGY	49	ENGINEERING, PETROLEUM	118	26	17	Q3
77	CHINESE ANNALS OF MATHEMATICS SERIES B	51	MATHEMATICS	84	491	220	Q2
78	CHINESE CHEMICAL LETTERS	1010	CHEMISTRY, MULTIDISCIPLINARY	540	232	23	Q1
79	CHINESE GEOGRAPHICAL SCIENCE	80	ENVIRONMENTAL SCIENCES	313	359	179	Q2
80	CHINESE JOURNAL OF AERONAUTICS	357	ENGINEERING, AEROSPACE	140	52	7	Q1
81	CHINESE JOURNAL OF ANALYTICAL CHEMISTRY	292	CHEMISTRY, ANALYTICAL	362	106	28	Q2
82	CHINESE JOURNAL OF CANCER RESEARCH	51	ONCOLOGY	166	322	224	Q3
83	CHINESE JOURNAL OF CATALYSIS	193	CHEMISTRY, PHYSICAL	548	178	78	Q2
84	CHINESE JOURNAL OF CATALYSIS	193	CHEMISTRY, APPLIED	319	74	22	Q2
85	CHINESE JOURNAL OF CATALYSIS	193	ENGINEERING, CHEMICAL	345	171	60	Q2
86	CHINESE JOURNAL OF CHEMICAL ENGINEERING	386	ENGINEERING, CHEMICAL	345	171	32	Q1
87	CHINESE JOURNAL OF CHEMICAL PHYSICS	89	PHYSICS, ATOMIC, MOLECULAR & CHEMICAL	435	40	25	Q3
88	CHINESE JOURNAL OF CHEMISTRY	405	CHEMISTRY, MULTIDISCIPLINARY	540	232	50	Q1
89	CHINESE JOURNAL OF ELECTRONICS	121	ENGINEERING, ELECTRICAL & ELECTRONIC	338	355	169	Q2
90	CHINESE JOURNAL OF GEOPHYSICS-CHINESE EDITION	363	GEOCHEMISTRY & GEOPHYSICS	140	101	9	Q1
91	CHINESE JOURNAL OF INORGANIC CHEMISTRY	245	CHEMISTRY, INORGANIC & NUCLEAR	304	44	15	Q2
92	CHINESE JOURNAL OF INTEGRATIVE MEDICINE	109	INTEGRATIVE & COMPLEMENTARY MEDICINE	126	43	10	Q1
93	CHINESE JOURNAL OF MECHANICAL ENGINEERING	151	ENGINEERING, MECHANICAL	179	184	55	Q2
94	CHINESE JOURNAL OF NATURAL MEDICINES	78	PHARMACOLOGY & PHARMACY	170	354	191	Q3
95	CHINESE JOURNAL OF NATURAL MEDICINES	78	INTEGRATIVE & COMPLEMENTARY MEDICINE	126	43	17	Q2
96	CHINESE JOURNAL OF ORGANIC CHEMISTRY	333	CHEMISTRY, ORGANIC	277	58	16	Q2
97	CHINESE JOURNAL OF POLYMER SCIENCE	163	POLYMER SCIENCE	330	95	35	Q2

序号	期刊	论文数量	学科主题	学科平均论文数量	学科期刊数	学科排名	发文量分区
98	CHINESE JOURNAL OF STRUCTURAL CHEMISTRY	129	CHEMISTRY, INORGANIC & NUCLEAR	304	44	23	Q3
99	CHINESE JOURNAL OF STRUCTURAL CHEMISTRY	129	CRYSTALLOGRAPHY	199	33	16	Q2
100	CHINESE MEDICAL JOURNAL	232	MEDICINE, GENERAL & INTERNAL	250	333	46	Q1
101	CHINESE OPTICS LETTERS	232	OPTICS	282	120	36	Q2
102	CHINESE PHYSICS B	1055	PHYSICS, MULTIDISCIPLINARY	261	112	8	Q1
103	CHINESE PHYSICS C	260	PHYSICS, NUCLEAR	233	22	7	Q2
104	CHINESE PHYSICS C	260	PHYSICS, PARTICLES & FIELDS	430	31	13	Q2
105	CHINESE PHYSICS LETTERS	227	PHYSICS, MULTIDISCIPLINARY	261	112	35	Q2
106	COMMUNICATIONS IN MATHEMATICS AND STATISTICS	74	MATHEMATICS	84	491	149	Q2
107	COMMUNICATIONS IN THEORETICAL PHYSICS	203	PHYSICS, MULTIDISCIPLINARY	261	112	37	Q2
108	COMPUTATIONAL VISUAL MEDIA	48	COMPUTER SCIENCE, SOFTWARE ENGINEERING	118	132	74	Q3
109	CROP JOURNAL	191	PLANT SCIENCES	144	265	36	Q1
110	CROP JOURNAL	191	AGRONOMY	143	126	21	Q1
111	CSEE JOURNAL OF POWER AND ENERGY SYSTEMS	209	ENERGY & FUELS	392	174	54	Q2
112	CSEE JOURNAL OF POWER AND ENERGY SYSTEMS	209	ENGINEERING, ELECTRICAL & ELECTRONIC	338	355	123	Q2
113	CURRENT MEDICAL SCIENCE	132	MEDICINE, RESEARCH & EXPERIMENTAL	182	190	68	Q2
114	CURRENT ZOOLOGY	48	ZOOLOGY	63	181	65	Q2
115	DEFENCE TECHNOLOGY	230	ENGINEERING, MULTIDISCIPLINARY	221	182	31	Q1
116	DIGITAL COMMUNICATIONS AND NETWORKS	128	TELECOMMUNICATIONS	273	119	47	Q2
117	EARTHQUAKE ENGINEERING AND ENGINEERING VIBRATION	67	ENGINEERING, CIVIL	229	183	105	Q3
118	EARTHQUAKE ENGINEERING AND ENGINEERING VIBRATION	67	ENGINEERING, GEOLOGICAL	135	63	35	Q3
119	ECOLOGICAL PROCESSES	62	ENVIRONMENTAL SCIENCES	313	359	206	Q3
120	ECOLOGICAL PROCESSES	62	ECOLOGY	116	197	107	Q3
121	ECOSYSTEM HEALTH AND SUSTAINABILITY	56	ENVIRONMENTAL SCIENCES	313	359	214	Q3
122	ECOSYSTEM HEALTH AND SUSTAINABILITY	56	ECOLOGY	116	197	112	Q3
123	ELECTROCHEMICAL ENERGY REVIEWS	32	ELECTROCHEMISTRY	387	45	39	Q4
124	ENERGY & ENVIRONMENTAL MATERIALS	242	MATERIALS SCIENCE, MULTIDISCIPLINARY	410	440	134	Q2
125	ENGINEERING	134	ENGINEERING, MULTIDISCIPLINARY	221	182	60	Q2

序号	期刊	论文数量	学科主题	学科平均论文数量	学科期刊数	学科排名	发文量分区
126	ENVIRONMENTAL SCIENCE AND ECOTECHNOLOGY	78	GREEN & SUSTAINABLE SCIENCE & TECHNOLOGY	415	91	49	Q3
127	ENVIRONMENTAL SCIENCE AND ECOTECHNOLOGY	78	ENVIRONMENTAL SCIENCES	313	359	182	Q3
128	EYE AND VISION	48	OPHTHALMOLOGY	115	95	71	Q3
129	FOOD QUALITY AND SAFETY	53	FOOD SCIENCE & TECHNOLOGY	233	173	115	Q3
130	FOOD SCIENCE AND HUMAN WELLNESS	233	NUTRITION & DIETETICS	181	114	17	Q1
131	FOOD SCIENCE AND HUMAN WELLNESS	233	FOOD SCIENCE & TECHNOLOGY	233	173	38	Q1
132	FOREST ECOSYSTEMS	71	FORESTRY	95	89	22	Q1
133	FRICTION	117	ENGINEERING, MECHANICAL	179	184	75	Q2
134	FRONTIERS IN ENERGY	47	ENERGY & FUELS	392	174	128	Q3
135	FRONTIERS OF CHEMICAL SCIENCE AND ENGINEERING	139	ENGINEERING, CHEMICAL	345	171	73	Q2
136	FRONTIERS OF COMPUTER SCIENCE	98	COMPUTER SCIENCE, INFORMATION SYSTEMS	196	252	85	Q2
137	FRONTIERS OF COMPUTER SCIENCE	98	COMPUTER SCIENCE, THEORY & METHODS	133	144	39	Q2
138	FRONTIERS OF COMPUTER SCIENCE	98	COMPUTER SCIENCE, SOFTWARE ENGINEERING	118	132	45	Q2
139	FRONTIERS OF EARTH SCIENCE	68	GEOSCIENCES, MULTIDISCIPLINARY	149	254	115	Q2
140	FRONTIERS OF ENVIRONMENTAL SCIENCE & ENGINEERING	150	ENVIRONMENTAL SCIENCES	313	359	102	Q2
141	FRONTIERS OF ENVIRONMENTAL SCIENCE & ENGINEERING	150	ENGINEERING, ENVIRONMENTAL	425	81	34	Q2
142	FRONTIERS OF INFORMATION TECHNOLOGY & ELECTRONIC ENGINEERING	128	COMPUTER SCIENCE, INFORMATION SYSTEMS	196	252	68	Q2
143	FRONTIERS OF INFORMATION TECHNOLOGY & ELECTRONIC ENGINEERING	128	ENGINEERING, ELECTRICAL & ELECTRONIC	338	355	164	Q2
144	FRONTIERS OF INFORMATION TECHNOLOGY & ELECTRONIC ENGINEERING	128	COMPUTER SCIENCE, SOFTWARE ENGINEERING	118	132	31	Q1
145	FRONTIERS OF MATERIALS SCIENCE	43	MATERIALS SCIENCE, MULTIDISCIPLINARY	410	440	351	Q4
146	FRONTIERS OF MATHEMATICS IN CHINA	0	MATHEMATICS	84	491	483	Q4
147	FRONTIERS OF MECHANICAL ENGINEERING	54	ENGINEERING, MECHANICAL	179	184	124	Q3
148	FRONTIERS OF MEDICINE	77	ONCOLOGY	166	322	179	Q3

序号	期刊	论文数量	学科主题	学科平均论文数量	学科期刊数	学科排名	发文量分区
149	FRONTIERS OF MEDICINE	77	MEDICINE, RESEARCH & EXPERIMENTAL	182	190	109	Q3
150	FRONTIERS OF PHYSICS	114	PHYSICS, MULTIDISCIPLINARY	261	112	58	Q3
151	FRONTIERS OF STRUCTURAL AND CIVIL ENGINEERING	103	ENGINEERING, CIVIL	229	183	73	Q2
152	FUNGAL DIVERSITY	18	MYCOLOGY	77	33	27	Q4
153	GASTROENTEROLOGY REPORT	95	GASTROENTEROLOGY & HEPATOLOGY	104	143	59	Q2
154	GENES & DISEASES	153	BIOCHEMISTRY & MOLECULAR BIOLOGY	273	313	107	Q2
155	GENES & DISEASES	153	GENETICS & HEREDITY	114	191	39	Q1
156	GENOMICS PROTEOMICS & BIOINFORMATICS	91	GENETICS & HEREDITY	114	191	67	Q2
157	GEOSCIENCE FRONTIERS	121	GEOSCIENCES, MULTIDISCIPLINARY	149	254	78	Q2
158	GEO-SPATIAL INFORMATION SCIENCE	94	REMOTE SENSING	240	63	22	Q2
159	GREEN ENERGY & ENVIRONMENT	130	CHEMISTRY, PHYSICAL	548	178	102	Q3
160	GREEN ENERGY & ENVIRONMENT	130	ENERGY & FUELS	392	174	75	Q2
161	GREEN ENERGY & ENVIRONMENT	130	GREEN & SUSTAINABLE SCIENCE & TECHNOLOGY	415	91	30	Q2
162	GREEN ENERGY & ENVIRONMENT	130	ENGINEERING, CHEMICAL	345	171	77	Q2
163	HEPATOBILIARY & PANCREATIC DISEASES INTERNATIONAL	61	GASTROENTEROLOGY & HEPATOLOGY	104	143	85	Q3
164	HIGH POWER LASER SCIENCE AND ENGINEERING	97	OPTICS	282	120	65	Q3
165	HIGH VOLTAGE	89	ENGINEERING, ELECTRICAL & ELECTRONIC	338	355	206	Q3
166	HORTICULTURAL PLANT JOURNAL	94	PLANT SCIENCES	144	265	89	Q2
167	HORTICULTURAL PLANT JOURNAL	94	HORTICULTURE	134	38	10	Q2
168	HORTICULTURE RESEARCH	293	GENETICS & HEREDITY	114	191	11	Q1
169	HORTICULTURE RESEARCH	293	PLANT SCIENCES	144	265	18	Q1
170	HORTICULTURE RESEARCH	293	HORTICULTURE	134	38	4	Q1
171	IEEE-CAA JOURNAL OF AUTOMATICA SINICA	145	AUTOMATION & CONTROL SYSTEMS	237	85	33	Q2
172	INFECTIOUS DISEASES OF POVERTY	107	INFECTIOUS DISEASES	139	132	53	Q2
173	INFECTIOUS DISEASES OF POVERTY	107	PARASITOLOGY	123	46	14	Q2
174	INFECTIOUS DISEASES OF POVERTY	107	TROPICAL MEDICINE	141	28	8	Q2
175	INFOMAT	81	MATERIALS SCIENCE, MULTIDISCIPLINARY	410	440	269	Q3

序号	期刊	论文数量	学科主题	学科平均论文数量	学科期刊数	学科排名	发文量分区
176	INSECT SCIENCE	135	ENTOMOLOGY	73	109	10	Q1
177	INTEGRATIVE ZOOLOGY	75	ZOOLOGY	63	181	40	Q1
178	INTERDISCIPLINARY SCIENCES– COMPUTATIONAL LIFE SCIENCES	49	MATHEMATICAL & COMPUTATIONAL BIOLOGY	127	66	34	Q3
179	INTERNATIONAL JOURNAL OF DIGITAL EARTH	223	REMOTE SENSING	240	63	11	Q1
180	INTERNATIONAL JOURNAL OF DIGITAL EARTH	223	GEOGRAPHY, PHYSICAL	97	65	8	Q1
181	INTERNATIONAL JOURNAL OF DISASTER RISK SCIENCE	67	GEOSCIENCES, MULTIDISCIPLINARY	149	254	117	Q2
182	INTERNATIONAL JOURNAL OF DISASTER RISK SCIENCE	67	METEOROLOGY & ATMOSPHERIC SCIENCES	167	110	59	Q3
183	INTERNATIONAL JOURNAL OF DISASTER RISK SCIENCE	67	WATER RESOURCES	199	128	68	Q3
184	INTERNATIONAL JOURNAL OF EXTREME MANUFACTURING	80	MATERIALS SCIENCE, MULTIDISCIPLINARY	410	440	270	Q3
185	INTERNATIONAL JOURNAL OF EXTREME MANUFACTURING	80	ENGINEERING, MANUFACTURING	155	69	34	Q2
186	INTERNATIONAL JOURNAL OF MINERALS METALLURGY AND MATERIALS	214	MATERIALS SCIENCE, MULTIDISCIPLINARY	410	440	151	Q2
187	INTERNATIONAL JOURNAL OF MINERALS METALLURGY AND MATERIALS	214	METALLURGY & METALLURGICAL ENGINEERING	365	91	28	Q2
188	INTERNATIONAL JOURNAL OF MINERALS METALLURGY AND MATERIALS	214	MINING & MINERAL PROCESSING	168	32	7	Q1
189	INTERNATIONAL JOURNAL OF MINING SCIENCE AND TECHNOLOGY	113	MINING & MINERAL PROCESSING	168	32	11	Q2
190	INTERNATIONAL JOURNAL OF ORAL SCIENCE	56	DENTISTRY, ORAL SURGERY & MEDICINE	92	158	82	Q3
191	INTERNATIONAL JOURNAL OF SEDIMENT RESEARCH	49	ENVIRONMENTAL SCIENCES	313	359	232	Q3
192	INTERNATIONAL JOURNAL OF SEDIMENT RESEARCH	49	WATER RESOURCES	199	128	81	Q3
193	INTERNATIONAL SOIL AND WATER CONSERVATION RESEARCH	59	ENVIRONMENTAL SCIENCES	313	359	211	Q3
194	INTERNATIONAL SOIL AND WATER CONSERVATION RESEARCH	59	WATER RESOURCES	199	128	73	Q3
195	INTERNATIONAL SOIL AND WATER CONSERVATION RESEARCH	59	SOIL SCIENCE	130	49	25	Q3
196	JOURNAL OF ADVANCED CERAMICS	164	MATERIALS SCIENCE, CERAMICS	283	31	9	Q2

序号	期刊	论文数量	学科主题	学科平均论文数量	学科期刊数	学科排名	发文量分区
197	JOURNAL OF ANIMAL SCIENCE AND BIOTECHNOLOGY	156	AGRICULTURE, DAIRY & ANIMAL SCIENCE	158	80	17	Q1
198	JOURNAL OF ARID LAND	87	ENVIRONMENTAL SCIENCES	313	359	167	Q2
199	JOURNAL OF BIONIC ENGINEERING	132	ROBOTICS	114	46	13	Q2
200	JOURNAL OF BIONIC ENGINEERING	132	ENGINEERING, MULTIDISCIPLINARY	221	182	61	Q2
201	JOURNAL OF BIONIC ENGINEERING	132	MATERIALS SCIENCE, BIOMATERIALS	210	53	22	Q2
202	JOURNAL OF CENTRAL SOUTH UNIVERSITY	288	METALLURGY & METALLURGICAL ENGINEERING	365	91	21	Q1
203	JOURNAL OF COMPUTATIONAL MATHEMATICS	110	MATHEMATICS	84	491	87	Q1
204	JOURNAL OF COMPUTATIONAL MATHEMATICS	110	MATHEMATICS, APPLIED	100	333	82	Q1
205	JOURNAL OF COMPUTER SCIENCE AND TECHNOLOGY	86	COMPUTER SCIENCE, HARDWARE & ARCHITECTURE	144	59	27	Q2
206	JOURNAL OF COMPUTER SCIENCE AND TECHNOLOGY	86	COMPUTER SCIENCE, SOFTWARE ENGINEERING	118	132	49	Q2
207	JOURNAL OF EARTH SCIENCE	143	GEOSCIENCES, MULTIDISCIPLINARY	149	254	67	Q2
208	JOURNAL OF ENERGY CHEMISTRY	694	CHEMISTRY, PHYSICAL	548	178	39	Q1
209	JOURNAL OF ENERGY CHEMISTRY	694	ENERGY & FUELS	392	174	25	Q1
210	JOURNAL OF ENERGY CHEMISTRY	694	CHEMISTRY, APPLIED	319	74	9	Q1
211	JOURNAL OF ENERGY CHEMISTRY	694	ENGINEERING, CHEMICAL	345	171	21	Q1
212	JOURNAL OF ENVIRONMENTAL SCIENCES	147	ENVIRONMENTAL SCIENCES	313	359	106	Q2
213	JOURNAL OF FORESTRY RESEARCH	64	FORESTRY	95	89	27	Q2
214	JOURNAL OF GENETICS AND GENOMICS	75	BIOCHEMISTRY & MOLECULAR BIOLOGY	273	313	186	Q3
215	JOURNAL OF GENETICS AND GENOMICS	75	GENETICS & HEREDITY	114	191	82	Q2
216	JOURNAL OF GEOGRAPHICAL SCIENCES	122	GEOGRAPHY, PHYSICAL	97	65	16	Q1
217	JOURNAL OF GERIATRIC CARDIOLOGY	68	CARDIAC & CARDIOVASCULAR SYSTEMS	123	223	122	Q3
218	JOURNAL OF GERIATRIC CARDIOLOGY	68	GERIATRICS & GERONTOLOGY	135	74	42	Q3
219	JOURNAL OF HYDRODYNAMICS	84	MECHANICS	192	170	85	Q2

序号	期刊	论文数量	学科主题	学科平均论文数量	学科期刊数	学科排名	发文量分区
220	JOURNAL OF INFRARED AND MILLIMETER WAVES	112	OPTICS	282	120	61	Q3
221	JOURNAL OF INNOVATIVE OPTICAL HEALTH SCIENCES	57	OPTICS	282	120	86	Q3
222	JOURNAL OF INNOVATIVE OPTICAL HEALTH SCIENCES	57	RADIOLOGY, NUCLEAR MEDICINE & MEDICAL IMAGING	124	204	134	Q3
223	JOURNAL OF INORGANIC MATERIALS	168	MATERIALS SCIENCE, CERAMICS	283	31	8	Q2
224	JOURNAL OF INTEGRATIVE AGRICULTURE	287	AGRICULTURE, MULTIDISCIPLINARY	113	89	7	Q1
225	JOURNAL OF INTEGRATIVE MEDICINE–JIM	56	INTEGRATIVE & COMPLEMENTARY MEDICINE	126	43	25	Q3
226	JOURNAL OF INTEGRATIVE PLANT BIOLOGY	139	BIOCHEMISTRY & MOLECULAR BIOLOGY	273	313	115	Q2
227	JOURNAL OF INTEGRATIVE PLANT BIOLOGY	139	PLANT SCIENCES	144	265	59	Q1
228	JOURNAL OF IRON AND STEEL RESEARCH INTERNATIONAL	242	METALLURGY & METALLURGICAL ENGINEERING	365	91	26	Q2
229	JOURNAL OF MAGNESIUM AND ALLOYS	295	METALLURGY & METALLURGICAL ENGINEERING	365	91	20	Q1
230	JOURNAL OF MATERIALS SCIENCE & TECHNOLOGY	805	MATERIALS SCIENCE, MULTIDISCIPLINARY	410	440	54	Q1
231	JOURNAL OF MATERIALS SCIENCE & TECHNOLOGY	805	METALLURGY & METALLURGICAL ENGINEERING	365	91	7	Q1
232	JOURNAL OF MATERIOMICS	118	CHEMISTRY, PHYSICAL	548	178	108	Q3
233	JOURNAL OF MATERIOMICS	118	MATERIALS SCIENCE, MULTIDISCIPLINARY	410	440	222	Q3
234	JOURNAL OF MATERIOMICS	118	PHYSICS, APPLIED	576	180	100	Q3
235	JOURNAL OF METEOROLOGICAL RESEARCH	57	METEOROLOGY & ATMOSPHERIC SCIENCES	167	110	65	Q3
236	JOURNAL OF MODERN POWER SYSTEMS AND CLEAN ENERGY	148	ENGINEERING, ELECTRICAL & ELECTRONIC	338	355	152	Q2
237	JOURNAL OF MOLECULAR CELL BIOLOGY	48	CELL BIOLOGY	144	205	144	Q3
238	JOURNAL OF MOUNTAIN SCIENCE	238	ENVIRONMENTAL SCIENCES	313	359	70	Q1
239	JOURNAL OF OCEAN ENGINEERING AND SCIENCE	50	ENGINEERING, OCEAN	350	18	10	Q3
240	JOURNAL OF OCEAN ENGINEERING AND SCIENCE	50	ENGINEERING, MARINE	252	25	11	Q2
241	JOURNAL OF OCEAN UNIVERSITY OF CHINA	151	OCEANOGRAPHY	165	65	16	Q1
242	JOURNAL OF OCEANOLOGY AND LIMNOLOGY	167	OCEANOGRAPHY	165	65	11	Q1

序号	期刊	论文数量	学科主题	学科平均论文数量	学科期刊数	学科排名	发文量分区
243	JOURNAL OF OCEANOLOGY AND LIMNOLOGY	167	LIMNOLOGY	88	22	3	Q1
244	JOURNAL OF PALAEOGEOGRAPHY– ENGLISH	32	GEOSCIENCES, MULTIDISCIPLINARY	149	254	174	Q3
245	JOURNAL OF PALAEOGEOGRAPHY– ENGLISH	32	PALEONTOLOGY	50	57	27	Q2
246	JOURNAL OF PHARMACEUTICAL ANALYSIS	113	PHARMACOLOGY & PHARMACY	170	354	127	Q2
247	JOURNAL OF PLANT ECOLOGY	92	PLANT SCIENCES	144	265	93	Q2
248	JOURNAL OF PLANT ECOLOGY	92	ECOLOGY	116	197	79	Q2
249	JOURNAL OF PLANT ECOLOGY	92	FORESTRY	95	89	16	Q1
250	JOURNAL OF RARE EARTHS	230	CHEMISTRY, APPLIED	319	74	20	Q2
251	JOURNAL OF ROCK MECHANICS AND GEOTECHNICAL ENGINEERING	208	ENGINEERING, GEOLOGICAL	135	63	15	Q1
252	JOURNAL OF SPORT AND HEALTH SCIENCE	66	HOSPITALITY, LEISURE, SPORT & TOURISM	52	140	29	Q1
253	JOURNAL OF SPORT AND HEALTH SCIENCE	66	SPORT SCIENCES	93	127	58	Q2
254	JOURNAL OF SYSTEMATICS AND EVOLUTION	68	PLANT SCIENCES	144	265	115	Q2
255	JOURNAL OF SYSTEMS ENGINEERING AND ELECTRONICS	136	ENGINEERING, ELECTRICAL & ELECTRONIC	338	355	157	Q2
256	JOURNAL OF SYSTEMS ENGINEERING AND ELECTRONICS	136	AUTOMATION & CONTROL SYSTEMS	237	85	35	Q2
257	JOURNAL OF SYSTEMS ENGINEERING AND ELECTRONICS	136	OPERATIONS RESEARCH & MANAGEMENT SCIENCE	136	106	24	Q1
258	JOURNAL OF SYSTEMS SCIENCE & COMPLEXITY	127	MATHEMATICS, INTERDISCIPLINARY APPLICATIONS	107	135	29	Q1
259	JOURNAL OF SYSTEMS SCIENCE AND SYSTEMS ENGINEERING	39	OPERATIONS RESEARCH & MANAGEMENT SCIENCE	136	106	67	Q3
260	JOURNAL OF THERMAL SCIENCE	168	ENGINEERING, MECHANICAL	179	184	46	Q1
261	JOURNAL OF THERMAL SCIENCE	168	THERMODYNAMICS	264	79	28	Q2
262	JOURNAL OF TRADITIONAL CHINESE MEDICINE	142	INTEGRATIVE & COMPLEMENTARY MEDICINE	126	43	7	Q1
263	JOURNAL OF TROPICAL METEOROLOGY	36	METEOROLOGY & ATMOSPHERIC SCIENCES	167	110	78	Q3

序号	期刊	论文数量	学科主题	学科平均论文数量	学科期刊数	学科排名	发文量分区
264	JOURNAL OF WUHAN UNIVERSITY OF TECHNOLOGY-MATERIALS SCIENCE EDITION	185	MATERIALS SCIENCE, MULTIDISCIPLINARY	410	440	172	Q2
265	JOURNAL OF ZHEJIANG UNIVERSITY-SCIENCE A	74	PHYSICS, APPLIED	576	180	124	Q3
266	JOURNAL OF ZHEJIANG UNIVERSITY-SCIENCE A	74	ENGINEERING, MULTIDISCIPLINARY	221	182	87	Q2
267	JOURNAL OF ZHEJIANG UNIVERSITY-SCIENCE B	68	BIOCHEMISTRY & MOLECULAR BIOLOGY	273	313	201	Q3
268	JOURNAL OF ZHEJIANG UNIVERSITY-SCIENCE B	68	MEDICINE, RESEARCH & EXPERIMENTAL	182	190	117	Q3
269	JOURNAL OF ZHEJIANG UNIVERSITY-SCIENCE B	68	BIOTECHNOLOGY & APPLIED MICROBIOLOGY	150	175	100	Q3
270	LIGHT-SCIENCE & APPLICATIONS	213	OPTICS	282	120	39	Q2
271	MARINE LIFE SCIENCE & TECHNOLOGY	54	MARINE & FRESHWATER BIOLOGY	116	119	53	Q2
272	MATTER AND RADIATION AT EXTREMES	52	PHYSICS, MULTIDISCIPLINARY	261	112	84	Q3
273	MICROSYSTEMS & NANOENGINEERING	154	NANOSCIENCE & NANOTECHNOLOGY	419	142	53	Q2
274	MICROSYSTEMS & NANOENGINEERING	154	INSTRUMENTS & INSTRUMENTATION	481	76	31	Q2
275	MILITARY MEDICAL RESEARCH	55	MEDICINE, GENERAL & INTERNAL	250	333	205	Q3
276	MOLECULAR PLANT	100	BIOCHEMISTRY & MOLECULAR BIOLOGY	273	313	152	Q2
277	MOLECULAR PLANT	100	PLANT SCIENCES	144	265	83	Q2
278	MYCOSPHERE	31	MYCOLOGY	77	33	20	Q3
279	NANO RESEARCH	1117	CHEMISTRY, PHYSICAL	548	178	23	Q1
280	NANO RESEARCH	1117	MATERIALS SCIENCE, MULTIDISCIPLINARY	410	440	37	Q1
281	NANO RESEARCH	1117	NANOSCIENCE & NANOTECHNOLOGY	419	142	16	Q1
282	NANO RESEARCH	1117	PHYSICS, APPLIED	576	180	22	Q1
283	NANO-MICRO LETTERS	235	MATERIALS SCIENCE, MULTIDISCIPLINARY	410	440	139	Q2
284	NANO-MICRO LETTERS	235	NANOSCIENCE & NANOTECHNOLOGY	419	142	43	Q2
285	NANO-MICRO LETTERS	235	PHYSICS, APPLIED	576	180	61	Q2
286	NATIONAL SCIENCE REVIEW	255	MULTIDISCIPLINARY SCIENCES	649	135	33	Q1
287	NEURAL REGENERATION RESEARCH	341	CELL BIOLOGY	144	205	16	Q1
288	NEURAL REGENERATION RESEARCH	341	NEUROSCIENCES	140	310	26	Q1
289	NEUROSCIENCE BULLETIN	111	NEUROSCIENCES	140	310	115	Q2
290	NEW CARBON MATERIALS	76	MATERIALS SCIENCE, MULTIDISCIPLINARY	410	440	278	Q3

序号	期刊	论文数量	学科主题	学科平均论文数量	学科期刊数	学科排名	发文量分区
291	NPJ COMPUTATIONAL MATERIALS	220	CHEMISTRY, PHYSICAL	548	178	72	Q2
292	NPJ COMPUTATIONAL MATERIALS	220	MATERIALS SCIENCE, MULTIDISCIPLINARY	410	440	148	Q2
293	NPJ FLEXIBLE ELECTRONICS	51	MATERIALS SCIENCE, MULTIDISCIPLINARY	410	440	332	Q4
294	NPJ FLEXIBLE ELECTRONICS	51	ENGINEERING, ELECTRICAL & ELECTRONIC	338	355	270	Q4
295	NUCLEAR SCIENCE AND TECHNIQUES	190	PHYSICS, NUCLEAR	233	22	10	Q2
296	NUCLEAR SCIENCE AND TECHNIQUES	190	NUCLEAR SCIENCE & TECHNOLOGY	228	40	17	Q2
297	NUMERICAL MATHEMATICS–THEORY METHODS AND APPLICATIONS	53	MATHEMATICS	84	491	212	Q2
298	NUMERICAL MATHEMATICS–THEORY METHODS AND APPLICATIONS	53	MATHEMATICS, APPLIED	100	333	174	Q3
299	OPTO–ELECTRONIC ADVANCES	50	OPTICS	282	120	93	Q4
300	PARTICUOLOGY	257	MATERIALS SCIENCE, MULTIDISCIPLINARY	410	440	130	Q2
301	PARTICUOLOGY	257	ENGINEERING, CHEMICAL	345	171	48	Q2
302	PEDOSPHERE	75	SOIL SCIENCE	130	49	21	Q2
303	PETROLEUM EXPLORATION AND DEVELOPMENT	101	ENERGY & FUELS	392	174	93	Q3
304	PETROLEUM EXPLORATION AND DEVELOPMENT	101	GEOSCIENCES, MULTIDISCIPLINARY	149	254	88	Q2
305	PETROLEUM EXPLORATION AND DEVELOPMENT	101	ENGINEERING, PETROLEUM	118	26	10	Q2
306	PETROLEUM SCIENCE	259	ENERGY & FUELS	392	174	47	Q2
307	PETROLEUM SCIENCE	259	ENGINEERING, PETROLEUM	118	26	2	Q1
308	PHOTONIC SENSORS	32	OPTICS	282	120	101	Q4
309	PHOTONIC SENSORS	32	INSTRUMENTS & INSTRUMENTATION	481	76	63	Q4
310	PHOTONICS RESEARCH	243	OPTICS	282	120	33	Q2
311	PHYTOPATHOLOGY RESEARCH	61	PLANT SCIENCES	144	265	128	Q2
312	PLANT COMMUNICATIONS	121	BIOCHEMISTRY & MOLECULAR BIOLOGY	273	313	128	Q2
313	PLANT COMMUNICATIONS	121	PLANT SCIENCES	144	265	68	Q2
314	PLANT DIVERSITY	65	PLANT SCIENCES	144	265	123	Q2
315	PLANT PHENOMICS	97	PLANT SCIENCES	144	265	87	Q2
316	PLANT PHENOMICS	97	REMOTE SENSING	240	63	21	Q2
317	PLANT PHENOMICS	97	AGRONOMY	143	126	34	Q2
318	PLASMA SCIENCE & TECHNOLOGY	199	PHYSICS, FLUIDS & PLASMAS	286	40	14	Q2

序号	期刊	论文数量	学科主题	学科平均论文数量	学科期刊数	学科排名	发文量分区
319	PROGRESS IN BIOCHEMISTRY AND BIOPHYSICS	244	BIOCHEMISTRY & MOLECULAR BIOLOGY	273	313	59	Q1
320	PROGRESS IN BIOCHEMISTRY AND BIOPHYSICS	244	BIOPHYSICS	140	77	9	Q1
321	PROGRESS IN CHEMISTRY	119	CHEMISTRY, MULTIDISCIPLINARY	540	232	124	Q3
322	PROGRESS IN NATURAL SCIENCE–MATERIALS INTERNATIONAL	62	MATERIALS SCIENCE, MULTIDISCIPLINARY	410	440	308	Q3
323	PROPULSION AND POWER RESEARCH	36	ENGINEERING, AEROSPACE	140	52	36	Q3
324	PROPULSION AND POWER RESEARCH	36	ENGINEERING, MECHANICAL	179	184	148	Q4
325	PROPULSION AND POWER RESEARCH	36	THERMODYNAMICS	264	79	62	Q4
326	PROTEIN & CELL	36	CELL BIOLOGY	144	205	169	Q4
327	RARE METAL MATERIALS AND ENGINEERING	474	MATERIALS SCIENCE, MULTIDISCIPLINARY	410	440	89	Q1
328	RARE METAL MATERIALS AND ENGINEERING	474	METALLURGY & METALLURGICAL ENGINEERING	365	91	11	Q1
329	RARE METALS	410	MATERIALS SCIENCE, MULTIDISCIPLINARY	410	440	96	Q1
330	RARE METALS	410	METALLURGY & METALLURGICAL ENGINEERING	365	91	13	Q1
331	REGENERATIVE BIOMATERIALS	116	MATERIALS SCIENCE, BIOMATERIALS	210	53	28	Q3
332	RESEARCH	267	MULTIDISCIPLINARY SCIENCES	649	135	30	Q1
333	RESEARCH IN ASTRONOMY AND ASTROPHYSICS	281	ASTRONOMY & ASTROPHYSICS	281	84	17	Q1
334	RICE SCIENCE	44	PLANT SCIENCES	144	265	157	Q3
335	RICE SCIENCE	44	AGRONOMY	143	126	72	Q3
336	SATELLITE NAVIGATION	30	TELECOMMUNICATIONS	273	119	94	Q4
337	SATELLITE NAVIGATION	30	REMOTE SENSING	240	63	40	Q3
338	SATELLITE NAVIGATION	30	ENGINEERING, AEROSPACE	140	52	38	Q3
339	SCIENCE BULLETIN	207	MULTIDISCIPLINARY SCIENCES	649	135	42	Q2
340	SCIENCE CHINA–CHEMISTRY	343	CHEMISTRY, MULTIDISCIPLINARY	540	232	54	Q1
341	SCIENCE CHINA–EARTH SCIENCES	197	GEOSCIENCES, MULTIDISCIPLINARY	149	254	47	Q1
342	SCIENCE CHINA–INFORMATION SCIENCES	221	COMPUTER SCIENCE, INFORMATION SYSTEMS	196	252	37	Q1
343	SCIENCE CHINA–INFORMATION SCIENCES	221	ENGINEERING, ELECTRICAL & ELECTRONIC	338	355	118	Q2
344	SCIENCE CHINA–LIFE SCIENCES	153	BIOLOGY	169	109	27	Q1

序号	期刊	论文数量	学科主题	学科平均论文数量	学科期刊数	学科排名	发文量分区
345	SCIENCE CHINA–MATERIALS	373	MATERIALS SCIENCE, MULTIDISCIPLINARY	410	440	106	Q1
346	SCIENCE CHINA–MATHEMATICS	115	MATHEMATICS	84	491	75	Q1
347	SCIENCE CHINA–MATHEMATICS	115	MATHEMATICS, APPLIED	100	333	71	Q1
348	SCIENCE CHINA–PHYSICS MECHANICS & ASTRONOMY	196	PHYSICS, MULTIDISCIPLINARY	261	112	41	Q2
349	SCIENCE CHINA–TECHNOLOGICAL SCIENCES	309	MATERIALS SCIENCE, MULTIDISCIPLINARY	410	440	117	Q2
350	SCIENCE CHINA–TECHNOLOGICAL SCIENCES	309	ENGINEERING, MULTIDISCIPLINARY	221	182	24	Q1
351	SIGNAL TRANSDUCTION AND TARGETED THERAPY	272	BIOCHEMISTRY & MOLECULAR BIOLOGY	273	313	52	Q1
352	SIGNAL TRANSDUCTION AND TARGETED THERAPY	272	CELL BIOLOGY	144	205	21	Q1
353	SPECTROSCOPY AND SPECTRAL ANALYSIS	556	SPECTROSCOPY	140	44	3	Q1
354	STROKE AND VASCULAR NEUROLOGY	78	CLINICAL NEUROLOGY	127	281	138	Q2
355	SUSMAT	59	CHEMISTRY, MULTIDISCIPLINARY	540	232	167	Q3
356	SUSMAT	59	MATERIALS SCIENCE, MULTIDISCIPLINARY	410	440	313	Q3
357	SUSMAT	59	GREEN & SUSTAINABLE SCIENCE & TECHNOLOGY	415	91	62	Q3
358	SYNTHETIC AND SYSTEMS BIOTECHNOLOGY	83	BIOTECHNOLOGY & APPLIED MICROBIOLOGY	150	175	85	Q2
359	TRANSACTIONS OF NONFERROUS METALS SOCIETY OF CHINA	273	METALLURGY & METALLURGICAL ENGINEERING	365	91	23	Q2
360	TRANSLATIONAL NEURODEGENERATION	47	NEUROSCIENCES	140	310	218	Q3
361	TSINGHUA SCIENCE AND TECHNOLOGY	91	COMPUTER SCIENCE, INFORMATION SYSTEMS	196	252	91	Q2
362	TSINGHUA SCIENCE AND TECHNOLOGY	91	ENGINEERING, ELECTRICAL & ELECTRONIC	338	355	202	Q3
363	TSINGHUA SCIENCE AND TECHNOLOGY	91	COMPUTER SCIENCE, SOFTWARE ENGINEERING	118	132	46	Q2
364	UNDERGROUND SPACE	101	ENGINEERING, CIVIL	229	183	74	Q2
365	VIROLOGICA SINICA	84	VIROLOGY	184	41	18	Q2
366	WORLD JOURNAL OF EMERGENCY MEDICINE	44	EMERGENCY MEDICINE	94	54	36	Q3
367	WORLD JOURNAL OF PEDIATRICS	92	PEDIATRICS	128	186	70	Q2
368	ZOOLOGICAL RESEARCH	90	ZOOLOGY	63	181	32	Q1